U0337622

国家自然科学基金面上项目(51774130,51974117)资助
国家自然科学基金青年科学基金项目(51804114)资助
湖南科技大学学术著作出版基金项目资助
湖南科技大学博士科研启动基金项目(E51770)资助
湖南科技大学博士后研究基金项目(E61803)资助

深部动压巷道围岩弱化规律及其控制技术

王 平 著

中国矿业大学出版社

·徐州·

内容提要

本书共分 5 章,采用现场调查、监测、试验、理论分析和数值模拟的方法,较为系统地开展了针对深部动压巷道围岩弱化规律、深部动压巷道围岩应力场分布演化规律、深部动压巷道围岩变形破坏规律、深部动压巷道围岩控制原理及支护技术等问题的研究工作。

本书可供从事采矿工程、地下工程等岩石力学相关的高校教师、研究院所的研究人员和设计部门的设计人员参考,也可以作为矿业工程等相关专业的研究生教材使用。

图书在版编目(CIP)数据

深部动压巷道围岩弱化规律及其控制技术 / 王平著
. —徐州:中国矿业大学出版社,2020.9
 ISBN 978 - 7 - 5646 - 4675 - 2

 Ⅰ. ①深… Ⅱ. ①王… Ⅲ. ①巷道围岩—围岩控制—研究 Ⅳ. ①TD263

中国版本图书馆 CIP 数据核字(2020)第 177821 号

书 名	深部动压巷道围岩弱化规律及其控制技术
著 者	王 平
责任编辑	陈红梅
出版发行	中国矿业大学出版社有限责任公司
	(江苏省徐州市解放南路 邮编 221008)
营销热线	(0516)83884103 83885105
出版服务	(0516)83995789 83884920
网 址	http://www.cumtp.com E-mail:cumtpvip@cumtp.com
印 刷	江苏淮阴新华印务有限公司
开 本	787 mm×1092 mm 1/16 印张 11.25 字数 281 千字
版次印次	2020 年 9 月第 1 版 2020 年 9 月第 1 次印刷
定 价	45.00 元

前　言

在地下开采活动中,受动压作用影响的巷道统称为动压巷道。在煤矿井下,动压巷道一般是指受采动影响最强烈的回采巷道。此类巷道与工作面直接相通,巷道围岩的稳定性对工作面的安全、高效生产有最直接的影响。回采巷道所受动压主要来源于巷道开挖和采煤工作面的应力扰动,应力扰动主要包括围岩应力状态和应力大小、方向随时间的动态变化。同时,随着开采深度的增加,应力增大,深部岩体对于应力扰动变得极为敏感,无论是围压的突然卸载还是应力的集中增加,巷道围岩均会产生不同程度的弱化,而这种弱化很大程度上是不可逆的。因此,深部动压巷道多表现出变形速度快、变形量大、变形时间长以及动力灾害显著增多等特征。另外,由于回采巷道使用期限较短,巷道支护没有得到足够的重视。巷道初期支护强度不足,后期反复维修,使得回采巷道围岩进一步恶化,造成巷道大变形失稳,极大地威胁着井下作业人员的生命安全,严重制约了深部煤炭资源的开采。

深部动压巷道围岩变形破坏极为复杂,这与围岩自身所处的物理、化学环境以及受载历程密切相关。从本质上讲,围岩变形与破坏是岩石或岩体在不同力学环境下的宏观响应,其弱化规律即是研究岩石在不同力学环境中的微观—细观—宏观的响应机制。对于深部动压巷道,高应力、高渗透压和强扰动是其最主要的力学环境特征,这种条件下的巷道浅表围岩基本处于塑性和破碎状态,需要控制的对象多是破碎岩体。探究深部动压巷道围岩弱化规律及其控制技术是煤炭深部资源开采所面临的世界性难题,也是亟待解决的重大科学问题和工程问题。

长期以来,国内外众多专家、学者针对这一课题已经进行了大量深入的研究,并取得了许多重要的理论成果和实用技术。然而,深部应力环境的复杂性、多变性使得深部动压巷道围岩弱化规律及其控制问题尚未得到很好的解决,现有的支护结构已不能满足深部巷道围岩的支护要求。因此,进一步加深对深部动压巷道围岩弱化规律的认识以及提出基于目前深部工程条件的动压巷道围岩控制原理及技术已刻不容缓。本书在总结前人研究基础上,结合我国目前深部动压巷道的工程实际,从深部动压巷道围岩力学特性、深部动压巷道围岩应力场演化规律、深部动压巷道围岩变形破坏特征以及深部动压巷道围岩控制原理及其支护技术等几个方面进行了探讨。

　　本书是在作者博士论文的基础上编写而成,湖南科技大学冯涛教授为本书的顺利完成倾注了大量心血,在此特别表示感谢。同时,本书也得到了湖南科技大学王卫军教授、朱永建教授、余伟健教授以及中南大学李夕兵教授的关心和支持,在此表示衷心感谢。书中部分内容以河南平煤集团十矿为工程背景,得到十矿有关领导和技术人员的大力支持,同时,书中引用了大量国内外专家学者的相关文献,在此一并致谢。

　　本书的出版得到了国家自然科学基金面上项目(51774130,51974117)、国家自然科学基金青年科学基金项目(51804114)、湖南科技大学学术著作出版基金项目、湖南科技大学博士科研启动基金项目(E51770)和湖南科技大学博士后研究基金项目(E61803)的资助,在此表示感谢。

　　由于作者水平有限,书中部分内容和观点有待进一步研究和完善,不足之处敬请各位专家和学者不吝指正!

著　　者

2020 年 8 月

目　　录

1 绪 论

1.1 动压巷道围岩弱化规律及其控制技术的研究背景及意义

在未来相当长时期内,煤炭依然是我国的主体能源,在我国一次能源生产和消费结构中的比重分别占 61.9% 和 60.4%。根据《能源发展战略行动计划》和中国工程院《中国能源中长期(2030、2050)发展战略研究》显示:2020 年和 2030 年我国煤炭消费比重分别控制在 62% 和 55% 以下,到 2050 年有望减至 50% 以下,因此在今后相当长一段时间内,我国还是以煤为主的格局,只不过比例会逐步下降。煤炭依然是我国能源结构的主体,也是最经济、最可靠并且可以实现清洁绿色生产消费的能源。我们对煤炭资源的开采应当给予足够的重视,切实做好推动能源技术革命,带动能源产业升级。

随着浅部煤炭资源的枯竭,煤炭开采必将进入到深部。我国的煤炭资源分布结构中,埋深超过 600 m 的煤炭储量占 65%,千米深部煤炭资源占比大约为 53%。据统计,我国煤矿每年新采掘的巷道总长度约 2×10^4 km,其中埋深在 600~800 m 的巷道超过 1 000 km,而且绝大多数巷道受到强烈的采动影响[1]。煤系地层强度较低,巷道围岩极易破碎,使得深部煤系地层中的巷道围岩往往表现出不同于浅部巷道的变形破坏特征。特别是受采动影响强烈的动压巷道,多表现出变形速度快、变形量大和变形持续时间长等失稳特征。直接影响巷道的正常使用,严重威胁作业人员的人身安全,极大地制约了深部煤炭资源的安全、高效开采与利用。因此,非常有必要研究深部动压巷道围岩弱化规律及其控制技术。大量的工程实例表明,煤矿回采巷道是受采动影响最直接、最严重的动压巷道。在深部复杂环境条件下,巷道开挖和工作面回采扰动极易造成巷道围岩产生较大范围的变形破坏。回采巷道围岩的稳定直接影响采煤工作面生产。沿空留巷时,还会影响下一工作面的正常回采。同时,由于回采巷道的使用期限较短,大部分矿山不愿对回采巷道的支护投入较多资金,初期支护强度不够是造成回采巷道围岩弱化和多次返修的重要原因。图 1-1 所示为受采动影响的回采巷道变形及支护结构破坏情况。

本书在总结已有研究成果的基础上,结合我国目前深部动压巷道的工程实际,采用理论分析、数值计算、实验室试验及工程实践等方法,从深部动压巷道围岩力学特性、深部动压巷道围岩应力场演化规律、深部动压巷道围岩变形破坏特征、深部动压巷道围岩控制原理及其支护技术等几个方面进行了探讨。通过系统地研究采动巷道围岩的应力演化过程,在岩石力学实验的基础上对受采动影响下的围岩弱化规律进行分析,并根据围岩弱化规律提出具有针对性的围岩控制技术,以求在较低的支护成本下保证回采巷道的安全使用,这对弄清深部巷道围岩控制原理、提高回采效率和保证井下作业人员安全都具有重要的理论价值和实际意义。

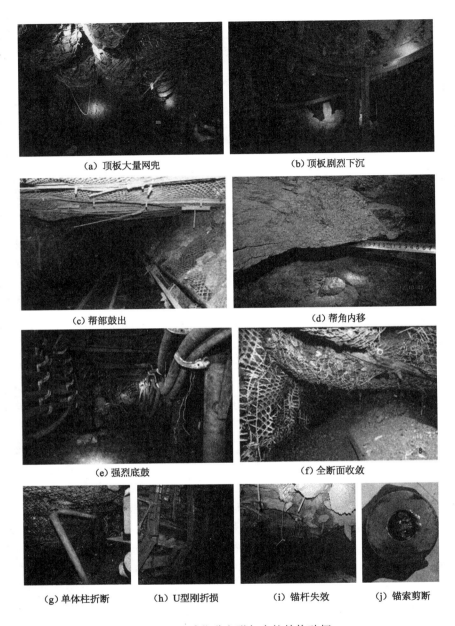

（a）顶板大量网兜　　　　　　　　　（b）顶板剧烈下沉

（c）帮部鼓出　　　　　　　　　　　（d）帮角内移

（e）强烈底鼓　　　　　　　　　　　（f）全断面收敛

（g）单体柱折断　　（h）U型刚折损　　（i）锚杆失效　　（j）锚索剪断

图 1-1　回采巷道变形与支护结构破坏

1.2　国内外研究现状与进展

1.2.1　深部动压巷道的界定

目前,关于深部开采的界定问题,世界各国因地质条件、开采及管理技术水平的不同而具有较大差异。在国内,由于地层条件和构造应力的不同,深部开采的标准也不尽相同[2]。

有的学者提出以岩爆发生频率明显增加来界定是否属于深部开采,而有的学者认为应以围岩应力达到和超过岩石抗压强度来划分,还有专家指出以工程硬岩出现岩爆、瓦斯突出等工程灾害现象作为界定标准。由此可见,深部开采目前只是一个相对的概念,并没有一个绝对的指标。然而,现实生产过程中人们更习惯于有一个绝对的界定标准,作为行业标准甚至是国家标准,以此作为指导工程设计施工的参考。国内外专家学者关于深部开采的概念也进行过深入探讨。

早在 20 世纪 80 年代初,国外学者已经开始注意对深部开采问题的研究。1983 年,原联邦德国专门针对 1 600 m 深矿井的三维矿压问题建立了特大型模拟试验台。1989 年国际岩石力学学会在法国召开了"深部岩石力学"国际会议,并出版了相关专著。随后,美国、加拿大、澳大利亚、南非、波兰等国家政府、工业部门以及研究机构,集中人力、物力和财力展开了关于深部开采相关理论和技术的基础问题研究。最终初步形成了一定的深部开采工程标准。例如:德国、南非和加拿大将矿井深度达到 800～1 000 m 称为深部开采;原苏联、英国和波兰等国将"临界深度"界定为 750 m,日本则界定为 600 m。

近些年来,我国在复杂地质条件下隧道掘进和深部开采灾害防治方面应用和发展了许多先进的理论和技术。在软岩支护、岩爆防治、超前探测和信息化施工等方面,相关单位和机构进行了大量的研究和实践。例如:中国矿业大学进行了深部煤矿开采灾害预测和防治研究;中南大学进行了千米深井的岩爆发生机理与控制技术研究;北京科技大学进行了抚顺老虎台矿深部开采引发矿震的研究等。但在我国,深部开采的界定标准尚未统一,现有的深部开采标准均存在一定的局限性。以钱七虎[3]、谢和平[4]、何满潮[5]为代表的专家们指出:深部与浅部最明显的区别在于深部的"三高一扰动"地质力学环境,使得深部岩体的 5 个力学特征发生转化,导致一系列的灾害事故频发,如剧烈的矿压显现、冲击地压、巷道大变形、矿井突水、地温升高以及煤与瓦斯突出等。因此,结合深部特殊地质力学环境,提出"深部"是指随着采深的增加,工程岩体开始出现非线性力学现象的深度及其以下的深度区间,在此基础上确定了临界深度的计算公式,建立了深部工程的评价指标。经过长期讨论,在我国普遍认为当煤矿开采深度达到 800～1 500 m 和金属矿开采深度达到 1 000～2 000 m 时为深部开采[6-7]。此外,谢和平院士还提出了煤炭极限开采深度的概念[8],认为超过极限开采深度的煤炭资源不可开采,或者认为以目前的技术经济水平还不能开采。

根据深部开采的界定标准可推知深部巷道的定义,即当埋深大于或等于"临界深度"且小于或等于"极限开采深度"的巷道可以称之为深部巷道。以埋深为参照标准,煤炭开采顺序是由浅入深的。进入深部开采的巷道或硐室,或多或少均受到上部邻近煤层巷道开挖或工作面回采的扰动影响,同时还受到本煤层回采的强烈扰动影响。因此,绝大多数深部巷道均可以称之为动压巷道,区别在于不同的巷道受到动压影响程度和动压来源不同。其中最主要的动压来源于本煤层回采强烈的扰动,即开挖造成围岩应力状态的改变和采动应力集中形成超高的支承压力动态扰动作用。因此,煤矿中动压巷道一般就是指回采巷道。无论是巷道开挖引起围压的突然卸载,还是工作面回采产生超前支承压力的集中增加,巷道围岩均会产生不同程度的弱化,而巷道围岩的这种弱化往往是不可逆的,这就是造成巷道围岩表现出大变形或持续流变的内在原因之一。

1.2.2 深部岩体力学特性及变形破坏特征研究现状

1.2.2.1 深部岩体力学特性研究

谢和平院士研究发现,随着开采深度的增加,煤岩体属性由脆性向脆-塑性再到大范围塑性流动转变。何满潮院士认为,深部岩体是多尺度与多场耦合的地质体,从中微纳尺度的吸附、解析到细观尺度的流体运移、裂纹扩展及岩石损伤,从应力场、温度场、渗流场到裂隙场、电场、磁场,在采矿活动扰动作用下均会发生异化,从而引发一系列的深部工程灾害。相比于浅部岩体,深部岩体力学特征出现显著性差异的原因在于深部复杂的应力环境。有学者总结为"三高一扰动"的力学环境,即高地应力、高地温和高渗透压、强烈的开采扰动。

1)"三高"力学环境引起深部岩体性质变化

(1)高地应力引起的岩石高围压效应。在地下工程中,岩石的围压随深度增加而增加。在地壳底部围压为 $0.8\sim1.0$ GPa,岩石圈底层和软流圈围岩可达 3.0 GPa 左右。围压的增高对岩石变形起着抑制张裂和强化摩擦的作用,从而为岩石介质的变形活化提供条件。围压对岩石变形的影响包括:随着围压($\sigma_2=\sigma_3$)增大,岩石的抗压强度、变形量、弹性极限显著增大,岩石应力-应变曲线形态发生明显改变。岩石的力学性质变化过程为:弹脆性→弹塑性→应变硬化[9]。围岩对岩石应力-应变曲线的影响如图 1-2 所示。

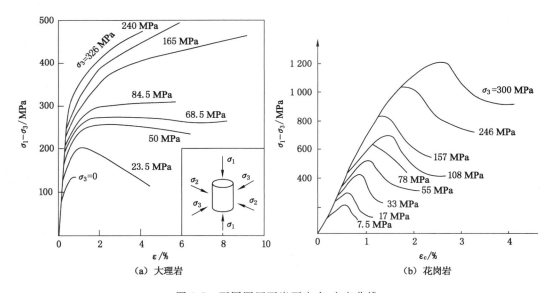

图 1-2 不同围压下岩石应力-应变曲线

煤炭深部开采($800\sim1\,500$ m)的围压范围在 $20\sim41$ MPa。因此,在深部开采过程中,即使是较硬的大理岩和花岗岩,也会受到高地应力引起的高围压效应影响。

(2)深部高地温引起的岩石高温效应。随着深度的增加,地下岩体温度也随之升高,从地球浅表的常温增至地壳底部 $500\sim1\,000$ ℃,以至于深处的更高温度。温度升高对促使岩石产生延性特征具有非常重要的作用。在围压远远小于 $1\,000$ MPa 的压缩试验中,只要有足够高的温度,除有部分岩石融化外,通常都能够使岩石呈现延性。温度的升高,导致岩石和流体介质的活化,促成岩石变形破坏机制发生变化,使其易于塑性流动。在温度相对低时,脆-延转化特性兼有碎裂流动和晶体塑性流动的现象。如果使温度升高,最终会导致晶体塑性流动占优势。这种效应是根据较高温度下,温度对滑动阻力有显著影响而得出的,相比之下,碎裂过程对温度不太敏感。高温和围压对岩石强度的影响如图 1-3 所示。

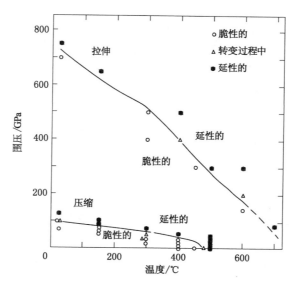

图 1-3 不同温度条件下石灰岩的脆-延转化特性

就目前煤炭开采的技术水平来看,煤矿深部开采极限深度在 1 400~1 500 m 范围,该深度岩石中的温度基本不会超过 100 ℃,而岩石力学性质在 200 ℃ 以下时受温度的影响较小[10]。因此,从岩石力学的角度来看,煤炭深部开采基本不存在高温效应。但从人工作业的环境条件来看,高地温仍是必须考虑的问题。

(3) 深部高渗透压引起岩石(岩体)流固耦合效应。地下岩体中的水渗流以渗透应力作用于岩体,影响岩体中应力场的分布。裂隙水压变化会引起有效应力的变化,明显地改变裂隙张开度和液体压力在裂隙中的分布,裂隙水通量随裂隙正应力的增加而很快降低。简单来说,流体在岩体中流动会改变岩体的原始应力状态,同时岩体应力状态的变化又会影响岩体中流体的流动特性,即具有岩石(岩体)流固耦合效应[11]。而深部高渗透压条件下岩石(岩体)的流固耦合效应对于深部岩体失稳破坏具有极其重要的影响。渗透压力对岩石(体)强度的影响如图 1-4 所示。

从影响深部岩体力学特性角度出发,深部开采时主要的影响因素包括高地应力、高渗透压和采掘活动造成的强烈扰动影响,即"两高一扰动"的力学环境。在"两高一扰动"的状态下,岩体破坏具有强烈的冲击破坏性质,其动力响应过程往往是突发性的。研究统计表明:随着采深的增加,深部岩体发生岩爆、冲击矿压的强度和频率都会随之增加。同时,深部采场的矿压显现剧烈,强烈的顶板来压造成巷道和采场失稳现象增多。深部突水事故越发严重,且岩溶突水多为瞬时性的。此外,瓦斯高度聚集,煤层中瓦斯压力急剧增大,严重威胁着煤炭资源的安全开采。

2) 深部围岩的力学行为特征

深部岩体力学特性的变化是引起这些深部灾害的内在原因,深部围岩最显著的力学行为特征包括:脆-延转化特性、强流变特性、非线性、各向异性以及分区破裂特性。

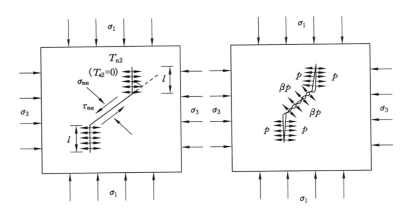

图 1-4 流体与岩体的相互作用

（1）深部岩体的脆-延转化特性。在深部高地应力条件下，原本脆性的岩石表现出延性变形的特点。克瓦希涅夫斯基（Kwasniewski）[12]的研究表明，在低围压下表现为脆性的岩石可以在高围压下转化为延性。其研究认为，深部岩体具有脆性破坏特征，也具有延性变形的性质。拉纳利（Ranalli）[13]通过试验证明了当岩石的摩擦强度与蠕变强度相等时，岩石即进入延性变形状态。

（2）深部岩体的强流变性。进入深部开采后，巷道围岩变形量大、变形持续时间长，普遍出现流变变形现象。马兰（Malan）[14]发现在南非深部开采实践中，深部岩体即使是硬岩也会产生明显的时间效应，即具有持续流变的特点，且在高地应力和其他不利因素共同作用下，岩体的蠕变更为显著。孙钧等[15]认为，在高应力低围压条件下，即使是中等强度以上的岩石也会产生不同程度的流变，特别是沿岩体结构面的剪切流变。王永岩等[16]提出并分析了非线性流变理论，认为在高地应力作用下的软岩所表现的流变特性是非线性的，而且这种非线性的表现程度均随时间和应力的增加而加剧。

（3）深部岩体的扩容特性不明显。在深部环境下，由于高地应力形成的高围压，使得岩体的扩容现象不明显。佰德曼（Bridman）首次在单轴压缩试验中观测到岩石破裂前出现体积增大现象[17]。松岛富治（Matsushima）在围压下同样也观测到了扩容，但随着围压的进一步增大，扩容的数值会降低[18]。克瓦希涅夫斯基（1989）的试验进一步表明：在低围压下，岩石往往会在低于峰值强度时由于内部微裂纹张开而产生扩容现象。但在高围压下，这种扩容现象不明显，甚至消失。

（4）深部岩体的分区破裂特性。深部巷道围岩与浅部巷道围岩相比，有一个明显的区别，那就是出现了分区破裂化现象，即从巷道表面围岩开始直至一定深度的岩体内交替出现几何尺寸按等比数列递增的膨胀带和压缩带[19]。关于深部岩体分区破裂现象的成因至今仍没有达成共识，可见深部巷道围岩所处的应力场复杂而多变。

1.2.2.2　深部巷道围岩变形破坏特征研究

随着采深的增加，地应力也随之增高，且水平应力增量大于垂直应力增量。按照静水压力理论粗略计算可知，深部巷道围岩中的地应力已远远超过了围岩自身的强度。受深部复杂应力环境的影响，深部巷道围岩具有不同于浅部巷道围岩的变形破坏特点，给巷道围岩控制造成了极大的困难。不同类型的深部巷道具有不同的变形破坏特征。

1）从围岩组成划分

（1）深部高应力实体煤巷。根据大量调查发现,深部煤巷开挖后,应力峰值迅速向两帮煤体内部转移,围岩大范围松散破碎、难以自稳,巷道围岩初始变形速度快,围岩变形持续时间长。此外,深部煤巷的变形还具有分层性,即两帮煤体先挤出,接着是强烈底鼓,最后是顶板下沉[20]。在顶板为复合顶板时,由于顶板是由非均质煤、岩层堆叠而成,在其局部含有硬岩,易风化,复合顶板整体强度低,在较高的地应力作用下表现出早期离层大、围岩松散、破碎和易垮落等特点[21]。

（2）深部高应力岩巷。在深部高地应力作用下,即使是强度较高的硬岩也会表现出软岩流变变形的特征。通过现场调查和数值模拟分析,得出深部高应力软岩巷道变形破坏特点:巷道埋深大、受采动影响大、构造应力大,巷道围岩来压时间快、自稳时间短、收敛速度快、变形时间长、松动范围广,围岩遇水易崩解、强度降低快,巷道变形时支护结构大量破坏[22-25]。此外,通过试验还发现,高应力软岩巷道围岩具有弹性变形"过渡流变"[26]、等速流变以及残余变形等性质。深部巷道围岩变形不可避免,或者说巷道有一部分变形在现有的支护条件下是无法控制的,且在深部巷道中此部分变形量还较大,称之为"给定变形"[27]。

2）从巷道变形破坏机制划分

（1）深部强烈扰动巷道。在深部高地应力作用下,应力的扰动对于围岩的损伤、弱化具有较大的影响。采掘活动引起深部围岩应力状态的改变,弹性势能增加,在扰动作用下极易引发动力灾害。有学者指出,巷道围岩变形是围岩塑性区形成和发展的结果,塑性区的形态和范围决定了巷道破坏的模式和程度。在深部高地应力作用下巷道围岩出现蝶形塑性区,在采动影响下发生旋转和扩展,当蝶形塑性区的"蝶叶"位于巷道顶板上方时,巷道顶板极易失稳[28]。此外,深部动压巷道在采动应力与覆岩运动、裂隙场分布、工作面煤层瓦斯压力等多因素、多场的时空耦合作用下,巷道围岩具有极为复杂的变形破坏特征[29]。

（2）深部软弱、破碎围岩巷道。在深部高地应力、强扰动作用下,巷道围岩多属于软弱、破碎围岩。如果围岩自身的强度较软,那么在深部应力环境中多表现为强烈、持续的流变变形。在应力较低时,软岩巷道围岩蠕变速率和量值较低,随着应力的增加,其蠕变速率呈现增大趋势,表现为非线性流变特征,这与受载过程中微裂纹的产生、扩展有关[30-31]。在巷道开挖卸载后,巷道围岩扩容现象明显。

总体来看,深部动压巷道具有顶板剧烈下沉、两帮严重变形、底板强烈鼓出的全断面、大范围收敛变形特征,从而引起巷道支护结构破坏严重,巷道大变形失稳。

1.2.2.3 深部岩体强度理论及本构关系研究

岩石强度准则与岩石矿物成分、岩体结构、应力场、温度场、渗流场以及所处的环境密切相关,各因素的影响程度在不同条件下有所差异。因此,目前还没有得到适用一切岩石的强度准则。

1900 年,莫尔(Mohr)提出了著名的莫尔-库仑(Mohr-Coulomb)强度准则[32],逐渐应用于工程当中,但是没有考虑中间主应力的影响是该准则最大的不足[33]。1952 年,德鲁克(Drucker)和普拉格(Prager)提出了德鲁克-普拉格(Drucker-Prager)准则,该准则考虑了中间主应力 σ_2 的影响,但它实质上是一种三剪强度理论,仍然不能很好地反映各向异性岩体介质的本构关系。1980 年,霍克(Hoke)提出了霍克-布朗(Hoke-Brown)准则[34],这是一种基于大量的试验数据得出的岩石破坏经验准则,得到了学术界的普遍认可[35-36],并且在工程中得到广泛的应用,但仍然有一定的局限性。

在深部高围压条件下,传统的岩石强度理论不再适用于深部岩体。对深部岩体而言,高围压、高渗透压是其最显著的应力环境。Singh Mahendra[37]通过试验得到了高围压条件下修正后完整岩石和节理岩体的三轴强度准则,即非线性 M-C 准则;李斌[38]在此基础上根据岩石临界状态的概念进一步提出了精度更高的三轴非线性 I-MC 强度准则;俞茂宏[39]、昝月稳等[40]基于双剪模型提出了高静水压力条件下岩石非线性统一强度准则;周小平[41]等考虑到深部岩体的拉伸破坏和剪胀、剪缩破坏,结合岩体指标(RMR)岩体地质力学分类指标提出了一种包含所有应力分量的深部岩体强度准则。

深部岩石强度准则的复杂性不言而喻,现有的研究成果均是针对某一影响因素或某一种岩石(岩体)进行探讨的,通用的深部岩石强度准则还有待进一步研究与完善。

1.2.2.4 深部岩体卸荷与蠕变特性研究

深部岩体开挖引起的突然卸荷造成岩石力学特性改变。朱珍德等[42]通过对锦屏二级水电站引水隧洞大理岩在高围压、高水压条件下的三轴试验发现,高水压抑制岩石的脆-塑性转变且加剧裂纹扩展,高围压致使裂纹分布更小、更密、更均匀。蒋海飞等[43]、刘东燕等[44]在高围压、高水压条件下对砂岩三轴蠕变试验发现,孔隙水压在一定程度上会延缓岩石的轴向变形,围压条件下存在一个岩石蠕变的应力强度比阈值,并建立了相应的蠕变本构模型。陈秀铜等[45]、刘建等[46]通过研究发现,高围压下的卸荷减小了岩石的黏聚力和内摩擦角,并伴有明显的扩容现象,在有高水压条件下这种改变更为显著。黄达等[47]结合分形理论和能量原理对在高围压下不同卸荷速率破坏碎块的分形维数进行了分析,发现碎块的分形维数随卸荷速率增大而减小。王明洋等[48]根据深部岩体在卸荷条件下的体积变形和剪切变形特征,引入 Juamann 导数和动力演化方程来表征深部岩体微观、细观、宏观缺陷发展对岩体破坏的影响,提出了深部岩体变形破坏全过程动态本构模型。卢兴利等[49]根据淮南矿区深部岩巷砂岩三轴卸荷试验结果,考虑了高应力卸荷条件下岩石扩容碎胀特性,即黏结弱化-摩擦强化现象,提出了岩石进入峰前损伤扩容和峰后破裂碎胀阶段的临界准则和本构模型。江权[50]基于围岩开挖后围岩塑性区内岩石力学性质劣化的现象,提出了一种自动更新黏聚力和内摩擦角的高应力硬岩劣化本构模型(RDM 模型),并用该模型对岩体弹脆性屈服劣化的特征进行模拟和分析。马咪娜[51]通过大量的煤岩体蠕变试验,基于黏塑性统一本构模型假设建立了新的时效参数非线性-TPM 煤岩体蠕变本构模型;此外,还有学者考虑了高温对岩体变形破坏特性及其本构关系的影响[52-54],在此就不再详述。

综上所述,深部岩体相比于浅部岩体其力学特性发生了显著的变化,即使是强度较高的硬岩,也表现出软岩的一些变形特征,但它又与单纯的软岩有所区别,比如具有分区破裂现象等。因此,在讨论深部岩体的力学特性和变形破坏特征时,不能离开其复杂的力学环境,而力学环境随着巷道的开挖、工作面的回采而不断变化。所以,要弄清深部采动巷道围岩的力学特征,就要对采动应力场和动压条件下的围岩体的力学性质有足够深入的认识。

1.2.3 深部围岩破坏机理及控制理论研究现状

1.2.3.1 深部围岩破坏机理研究

基于岩石的强度准则,岩石的变形破坏便有了理论基础。在此基础上,国内外专家、学者对深部围岩的变形破坏机理进行了深入研究。早在 1938 年,芬纳(Fenner)便根据 Mohr-

Coulomb 强度准则,对静水压状态下各向同性岩体的轴对称平面应变模型建立了围岩应力、应变和位移之间的关系,即 Fenner 公式;到了 1951 年,Fenner 同卡斯特纳(Kastner)基于理想弹塑性模型并假设岩石破坏后体积不变,推导出圆形巷道围岩的特性曲线方程,并得到塑性区半径的理论解析解,即著名的 Kastner 方程。此后,以布朗(Brown)[55]为代表的众多学者对特定条件下的围岩变形与应力之间的解析关系进行了深入研究。

于学馥[56]在 1981 年提出了巷道围岩破坏的轴变理论。他认为,地应力是巷道围岩变形的根本作用力,而巷道的轴比对围岩变形破坏有重要的控制作用。巷道的塑性破坏引起巷道围岩的变形,巷道围岩破坏的最终形状多为椭圆形,椭圆的短轴与最大应力的方向一致,见图 1-5 所示。

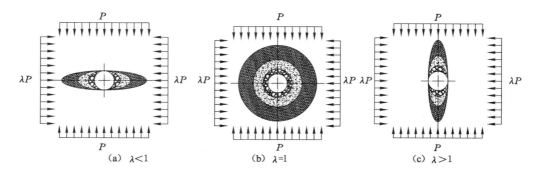

P——垂直地应力;λ——侧压系数。

图 1-5 地应力控制的巷道破坏形态

董方庭[57]在 1994 年基于巷道围岩松动范围的监测结果分析,提出了巷道围岩松动圈支护理论。巷道围岩松动圈是指巷道开挖后,表层围岩随位移的发生与发展,逐渐向深处扩展,使其连续性和完整性遭到破坏的部分岩石圈(松弛破碎带)。他认为,巷道围岩中的碎胀力(剪胀力)是支护的主要载荷。松动圈是围岩应力、围岩强度、水的影响等综合因素的指标,围岩的稳定性主要取决于巷道围岩松动圈的大小。巷道支护的关键就在于控制松动圈的有害变形和恶性发展,应根据现场实测松动圈对围岩进行分类和支护。松动圈测试原理见图 1-6;巷道松动圈分布见图 1-7。

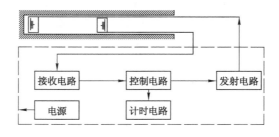

图 1-6 松动圈测试原理

方祖烈[58]于 1999 年提出了基于巷道围岩拉压域分布特征的主次承载区理论。他认为,拉、压域在巷道围岩中是普遍存在的,巷道浅部围岩的张拉域为次承载区,巷道深部围岩的压缩域为巷道围岩的主承载区,控制张拉域的破碎围岩与压缩域完整围岩的协同承载是

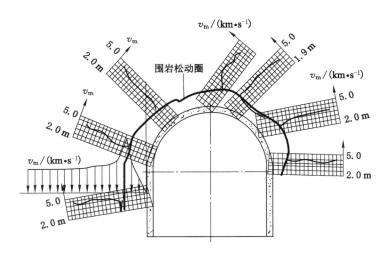

图 1-7 松动圈分布形态

控制巷道围岩变形的关键。

以侯朝炯、陆士良为代表的多位学者认为,深部巷道围岩大范围的塑性区是导致深部巷道大变形的主要原因,提出了围岩控制的"应力-围岩-支护"三要素。塑性区的形成及演化规律也引起了众多学者的关注。马念杰等[59]和赵志强等[60]综合了弹性力学和塑性力学中的圆孔应力解和偏应力理论得到了圆形巷道的偏应力场,并基于 Mohr-Coulomb 强度准则得到了非均匀应力场下圆形巷道塑性区半径的计算方法。王卫军等[61-62]针对高应力软岩巷道围岩塑性区的产生、形成过程进行了分析,并研究了支护阻力对深部高应力巷道围岩变形的影响,发现深部巷道围岩存在"给定变形",认为维护巷道围岩稳定的关键在于确保巷道围岩均匀、协调变形,从而控制塑性区的恶性发展最终达到巷道围岩控制的目的。

此外,袁文伯[63]根据岩体应变软化特点建立了理想弹塑性软化模型并用于分析巷道围岩塑性区和破碎区的力学形态,推导了软化岩层中塑性区的半径公式。陈立伟等[64]基于统一强度理论针对剪胀岩体利用弹性-塑性软化-塑性残余三线性本构模型,推导了硐室围岩的塑性残余区和塑性软化区半径;同时对非均匀应力场的巷道围岩塑性区边界也进行了推导,发现中间主应力对围岩塑性区形状和大小有较大影响。张继华[65]针对松散软岩建立了松散粒状材料的库仑屈服准则,得到松散软岩巷道围岩的塑性区半径扩展公式。这些研究进一步丰富和发展了基于塑性区的巷道围岩破坏机理研究。

1.2.3.2 深部围岩控制理论研究

根据巷道围岩变形破坏机理,相应地提出了许多围岩控制理论。在 20 世纪初,以海姆(Haim)、兰金(Rankin)和丁克(ДИННК)[66]等为代表提出的古典压力理论认为,巷道开挖空间支护结构必须大于或等于上覆岩层的重量才能够控制巷道围岩的稳定。该理论是人类对地下空间围岩控制的初步认识,但其忽略了围岩的自承能力。

20 世纪 40 年代,普氏拱理论和太沙基理论[67]正式认识到围岩自身是具有承载能力的,地下硐室开挖后在自身平衡的过程形成垮落拱,垮落拱的高度与围岩性质和巷道跨度有关,支护结构的承载能力必须大于或等于垮落拱范围内的围岩重量。

20 世纪 60 年代,拉贝维奇(Rabcewicz)在总结前人经验基础上提出了"新奥法"支护理论[68],该理论的本质在于充分发挥围岩自身的承载能力,通过实时动态监测进行支护设计,实现支护结构与围岩共同承载。

20 世纪 70 年代,萨拉蒙(Salamon)提出了能量支护理论[69]。他认为,在支护结构与围岩共同变形过程中,围岩释放的能量和支护结构吸收的能量总体保持平衡。因此,要求支护结构具有主动释放多余能量的特性。

我国学者在支护理论方面也取得了丰富的成果:

20 世纪 60 年代,陈宗基院士提出了岩性转化理论[70]。他认为,岩体的本构关系与特定的工程环境有关,即使是相同的岩石在不同的环境条件下也会表现出不同的强度特点,因此,围岩的支护除了考虑到围岩的强度特征外还必须考虑到现场的工程环境条件。

以郑雨天等[71]为代表提出的联合支护理论,主张采用"刚柔并济"的支护结构对软岩巷道进行支护,其支护思想为:"先柔后刚、先让后抗、柔让适度、稳定支护"。

何满潮院士提出巷道关键部位的二次耦合支护理论[72]。他认为,巷道不同部位的破坏机理和破坏程度并不相同,主张对巷道关键的部位采用不同强度和不同刚度的二次支护。

侯朝炯提出了强度强化理论[73]。他认为,锚杆、锚索等支护结构与支护围岩形成的锚固体可看作一种新的介质,其强度和刚度均有不同程度的强化,最直接的反映是锚固体的黏聚力和内摩擦角均增大。

康红普院士提出高预应力强力支护理论[74]。他认为,深部复杂困难巷道支护应遵循"先刚后柔再刚、先抗后让再抗"的原则,通过高预应力强力支护控制锚固区围岩离层、滑动、剥裂等不连续变形,同时,允许围岩有较大的连续变形,释放较高的围岩应力。

此外,李树清等[75]提出了内外承载结构耦合稳定原理;余伟健等[76]提出了叠加拱承载体强度理论;左建平等[77]提出深部巷道等强梁支护理论。另外,其他一些学者根据不同的应力环境和围岩条件,也提出了诸多支护原理,本书不再逐一赘述。

综上所述,深部围岩的破坏与深部岩体自身的力学特性、深部工程的几何特征(如巷道断面的形状、大小,采场采高、推进速度等因素)密切相关。这些地下空间工程特征在原岩应力场作用下形成深部采场较为复杂的整体应力场和巷道、硐室等工程的局部围岩应力场及其演化条件。深部围岩的控制理论是基于深部围岩变形破坏的内在机理与外在应力条件提出的围岩控制方法和原则。目前,还没有一种支护理论能够解决所有的深部动压巷道围岩控制问题,其主要原因在于深部围岩变形破坏的内在机制尚不清楚,因此,仍需对深部条件下的围岩破坏机理开展深入研究。

1.2.4 采动岩体结构及采动应力场研究现状

1.2.4.1 采动岩体结构特征研究

随着采矿行业不断发展,采动岩体力学应运而生。所谓采动岩体,是指地下工程岩体因采矿作业而受到采动应力场作用的岩体,主要包括采场上覆岩层和采场附近巷道、硐室的围岩等。采场上覆采动岩层最显著的力学行为特征是破断与运动[78],但其顶板具体的结构和运动特征难以被探测,因此人们把采场上覆岩层结构称为灰色结构。这种灰色结构的稳定性对地下矿产资源的安全开采至关重要。19 世纪以来,采矿工作者们对这种灰色结构进行了各种推测,从最初的自然平衡拱假说,到后来的假塑性梁假说、铰接岩块假说和预成裂隙假说,直至现在普遍认可的砌体梁结构假说[79]等。20 世纪末,钱鸣高院士及其团队在大量现场观测的基础上对采动岩体变形-破裂-运动全过程进行了系统性研究,并提出了关键层理论[80],宋振骐院士及其团队提出了传递岩梁理论[81]等。这些理论至今仍是指导煤矿采场岩层控制的重要依据。在实际生产中,基本顶岩层断裂对工作面的来压影响最为直接,其断裂结构形式决定了工作面及回采巷道的承载结构形式。根据薄板理论,采区首区段采煤工作面基本顶一般呈"X-O"型破断[82],后面工作面的基本顶由于边界条件的改变,破断形式也有所区别。

许家林[83]发现特大采高综采面亚关键层不能形成砌体梁结构,而是呈现悬臂梁结构破断。赵和松[84]根据矿压特征推断出采空区再生顶板存在类拱结构;冯国瑞[85]通过对上行开采的基础理论和试验研究,发现垮落法残采区上行开采层间岩层具有块体梁-半拱结构;张百胜[86]针对极近距离煤层开采顶板结构特点,构建了下部煤层开采为散体边界的块体-散体结构模型。张玉江[87]发现,复合残采区底板岩层具有扰动砌体梁和扰动块体梁半拱结构特征。根据不同的地质条件和采掘情况,采动岩体具有不同的结构特征。

1.2.4.2 采动岩体应力场研究

地应力和地应力状态是影响地下矿山围岩稳定最重要的因素之一。1912年,瑞典地质学家Haim首次提出了地应力的概念,认为地下岩体中的地应力是一种静水压力,满足$\sigma_h = \sigma_\mu = \gamma H$。其中,$\sigma_h$为水平地应力,$\sigma_\mu$为垂直地应力,$\gamma$为上覆岩层容重,$H$为岩体埋深。1926年,A. ДИННК认为岩体中的垂直地应力等于上覆岩层的重量,而水平地应力则是泊松效应的结果,水平地应力应等于垂直地应力乘以侧压系数:

$$\sigma_\mu = \gamma H \tag{1-1}$$

$$\sigma_h = \frac{\mu}{1-\mu}\gamma H \tag{1-2}$$

式中,μ为上覆岩层的泊松比。

20世纪50年代,哈斯特(Hast)通过实测发现岩体中主应力几乎均为水平应力;1980年,Hoek和Brown[88]统计了世界各国的垂直地应力随深度的变化以及垂直主应力与水平主应力之间的关系,发现岩体中垂直应力基本等于上覆岩层的重力,而水平应力普遍大于垂直应力。

深部采动岩体灰色结构的变形-破裂-运动是原岩应力与采动应力叠加作用的结果,同时也是影响采动应力场分布的主要结构因素。在深部岩体中开挖巷道或采煤,使得地应力在围岩中重新分布。最直接的就是顶板岩层中的垂直应力卸载和水平应力集中,两帮或侧墙的水平应力卸载而垂直应力集中,在岩体中形成减压区、增压区和稳压区[89]。刘俊杰[90]从微观岩体力学的角度,基于煤体强度、应力集中系数和摩擦因子三个关键的因素推导了采场前方应力集中峰值点位置的计算式。高峰[91]运用地质力学理论构建了区域地应力场模型,指出空间结构的形状(如巷道轴向)与最大主应力之间的空间位置对围岩塑性区的影响较大。

综上所述,在深部煤矿开采中,影响围岩稳定的应力场除了上覆岩层重量产生的静载荷,还有因采场工作面推进形成的集中支承压力。支承压力随工作面的推进而变化,属于动载荷或者准动载荷[92]。深部采动巷道围岩独特的力学环境为动静组合加、卸载的动态应力环境。

1.2.5 深部采动巷道支护技术研究现状

深部采动巷道,在回采工作面前后的较大范围内会出现两帮变形量增加,顶板离层、垮落和强烈底鼓等特征,且距离采面越近变形情况越严重。针对这类受强烈采动影响的巷道,常规的支护结构在强度、刚度以及耦合程度上都难以控制动压巷道围岩的稳定。针对采动巷道围岩,国内外学者提出了许多实用性强的支护技术,总结起来可分为三大类支护技术:

1.2.5.1 高强锚杆(索)组合支护技术

锚杆作为一种主动的支护形式,与传统的棚式支护相比,可充分发挥围岩的自承能力,在经济、技术上的优越性非常显著。早在 20 世纪 40 年代,美国、苏联等国家就开始采用锚杆支护。此后,锚杆支护迅速发展,从机械式锚杆、树脂锚杆、管缝式锚杆、胀管式锚杆、高强树脂锚杆以及锚杆与其他支护构件的组合支护,如桁架锚杆、组合锚杆等支护结构。在我国,煤巷锚杆支护在经历了三个阶段(1980—1990 年,1991—1995 年,1996 年至今)的发展,之后基本形成了适合我国煤矿条件的煤巷锚杆支护成套技术,许多国有煤矿的锚杆支护率已达到 100%[93]。但是,对于深部动压巷道而言普通的锚杆(索)支护技术并不能解决其大变形的问题。因此,亟需对现有的锚杆(索)支护强度、结构做进一步改进。

康红普等[94]从锚杆杆体、树脂药卷、钢带、锚索等支护构件上入手,提出高强锚杆(索)为核心的高强锚杆(索)成套支护技术,大断面煤巷高强锚杆(索)支护技术、复合顶、帮煤巷高强锚杆(索)支护技术;同时针对深部受采动影响岩体,提出了高预紧力、强支护力理论,即:采用强力锚杆、强力钢带及强力锚索支护组成强力支护系统,在深部巷道中试验成功,围岩变形降低 70% 左右,离层减少 95%。针对复杂困难巷道,提出了高预应力强力一次支护理论,即通过采用全断面的高预应力、强力锚索支护,配合拱形大托盘和钢筋网组成一个协同支护系统。在潞安集团漳村煤矿一条受到二次强烈采动影响的巷道进行了支护试验,在这种支护系统的支护作用下该动压巷道围岩得到有效的控制。

张永涛等[95]针对陕西彬长大佛寺矿 41103 工作面运输巷先后受 41104 和 41103 两个工作面回采的影响,巷道变形强烈;同时还出现了大量锚杆、锚索被拉断的情况,最终提出了在原锚、网、索支护方案的条件下采用高强度、急增阻预应力锚索+联锁梁进行补强支护。补强支护后,巷道较原支护巷道围岩的变形位移减少了 30~60 cm。

娄金福[96]通过对比分析工字钢棚被动支护与锚杆支护主动支护下的动压巷道离层变形特征对比分析,提出了高预应力锚杆、锚索的强力支护方案,并成功应用于多个矿区的动压巷道支护中。

此外,以这种高预应力、高强锚杆(索)为主,结合其他支护结构的组合支护技术如锚杆桁架支护[97]、锚索桁架支护[98]、锚索梁[99]支护、锚杆(索)桁架[100-102]支护和锚索箱梁支护[103]技术等均取得了不错支护效果。

1.2.5.2 锚注一体化组合支护技术

深部巷道所处环境复杂,受构造作用影响,巷道开挖后在强烈采动影响下,巷道围岩极易破碎,且多含有软岩,高强锚杆(索)支护结构并不能取得较好的支护效果。

韩立军等[104]在分析了鲍店矿软岩动压巷道岩性、地应力及支护因素的基础上,提出了基于锚喷支护和注浆加固相结合的锚注加固支护技术方案。注浆可封堵围岩裂隙、胶结破碎岩体、与锚杆形成注浆锚固体承载结构,同时该结构可以有效传递载荷,使巷道的拱、顶、底均匀受力从而控制软岩动压巷道围岩的稳定。

王连国等[105]针对深部高应力极软岩巷道,在锚杆(索)支护的基础上将锚杆和注浆相结合利用锚杆兼做注浆管,提出了锚注一体化联合支护技术,主要包括:① 锚、网、喷、注支护;② 锚、网(带或绳)、梁、喷、注支护;③ 锚、带(绳)、喷、注支护;④ 其他专用的锚注支护。根据不同的围岩条件和使用要求选用不同的锚注支护体系。

李学华等[106]进一步提出了"以锚注加固为基础,关键部位加强支护"的"非均匀"支护技术,并阐述该支护的施工流程:首先,刷大帮、顶后及时进行锚网喷支护;其次,采用高预应力锚杆实时加固;然后,采用注浆锚杆滞后围岩注浆加固帮、顶和底角;最后,进行锚索强化支护。

谢荣生等[107]在前人的基础上,根据锚注支护形成的承载结构提出了"应力恢复、围岩增强、固结修复和主动卸压"的深部软岩巷道围岩控制原则和相应的"密集高强锚杆承压拱""厚层钢筋网喷锚拱"和"滞后注浆加固拱"三拱一体的锚喷注强化承压拱支护技术。

针对深部高应力软岩和极软极破碎岩体,锚注一体化组合支护技术有着独特的优势,现场应用效果也非常显著,但是锚注一体化组合支护技术的内在机理仍需进一步研究。文献[108-110]通过数值模拟和理论分析表明锚注支护显著提高了围岩体的强度和承载力,将注浆区分为弹性区和塑性区,引入鲍尔丁-汤姆逊蠕变模型推导出了注浆围岩体的蠕变本构关系,表明注浆围岩的弹性区和塑性区随着时间变化最终趋于一个定值。

此外,张百红等[111]通过相似模拟对不同锚注支护条件下围岩的变形与稳定进行了研究;李慎举等[112]运用渗透张量法得出注浆浆液在破碎围岩中扩展的基本方程,建立了锚注加固浆液在正交裂隙组围岩中渗透扩散的数学模型;陆银龙等[113]采用FLAC^{3D}中的应变软化模型,对软岩巷道最佳锚注时机进行了数值模拟,并提出了确定最佳锚注时机的方法。

1.2.5.3 支架组合支护技术

传统的支架属于被动支护结构,但是当支架与锚杆(索)、注浆加固等主动支护结构组合起来时,对于深部软岩动压巷道极软、极破碎围岩可充分发挥出支架承载力大的优点,对于保持巷道围岩的整体性起着重要作用,尤其是在巷道断层区域的极破碎围岩段。常用的支架形式有:U型钢支架、工字钢支架、格栅钢支架和混凝土钢支架等[114]。

王其洲等[115]、荆升国等[116]通过U型钢支架与锚索协同支护机理分析提出了U型钢支架-锚索协同支护技术和棚-索强化控制理念,发现锚索对U型钢支架承载能力和结构稳定性具有补偿作用,U型钢支架-锚索协同支护技术能够很好地控制动压巷道围岩的变形。

高延法等[117]、刘国磊等[118]、何晓升等在实验室研制出支护力和支护刚度更大的钢管混凝土支架,并且在钱家营矿、清水煤矿等受扰动影响强烈的深部软岩巷道中得到应用。研究表明,钢管混凝土支架是一种能够有效控制动压巷道围岩变形的支护结构。

1.2.5.4 其他新型组合支护技术

上述三大类支护技术是针对深部动压巷道较为常见和主流的支护组合,但是地下条件千差万别,针对不同的现场实际,众多学者还提出了其他新型的组合支护技术,极大地丰富了动压巷道围岩控制技术。

曾凡宇[120]通过对软岩巷道和动压巷道局部弱支护的机理分析,提出软岩巷道常用的支护结构如全封闭锚网喷支护结构、金属可缩性支架、加强U型钢支架、高强弧板、网壳锚喷及钢管混凝土支架等支护结构在经过适当改进后在一定条件下可适用于动压巷道支护。

张志康等[121]在地应力实测基础上,通过支护专家系统最终确定了高强让压锚杆＋带肋锚索＋钢筋梁＋金属网的联合支护方案。在山西霍州曹村煤矿十采区下部人车下山巷进行支护试验表明,该支护体系能够有效地控制深部动压巷道围岩的变形。

张广超等[122]针对深部高应力软岩巷道大变形的问题,提出采用高强锚网索、可缩性环形支架、注浆加固为核心的多层次耦合支护系统。

魏明尧等[123]提出了一种新型的加固圈支护结构,即在巷道围岩内部加固形成一个高强度环形加固结构,通过理论分析和数值模拟验证了加固圈结构具有加强支护和削弱动载扰动的双重作用,可以有效地控制巷道围岩稳定。

1.3　主要研究内容与研究思路

深部巷道围岩所处的应力环境极为复杂,巷道变形破坏机理尚不明晰。尤其是受采动影响强烈的动压巷道,受到随时间不断变化的多因素、多场耦合作用。岩体力学特性和围岩变形破坏机理已发生了本质变化。只有弄清动压巷道围岩在各种因素作用下的弱化规律,才能逐步揭示动压巷道围岩变形破坏机制,为深部动压巷道围岩控制提供理论依据。同时,结合现场实际,提出适合不同类型深部动压巷道围岩控制技术,为深部煤炭资源安全、高效开采提供技术参考。为此,本书聚焦研究深部采动巷道围岩弱化规律,在此基础上探讨深部动压巷道围岩控制原理与技术,主要包括以下几个方面的内容:

1.3.1　深部动压巷道围岩弱化规律试验研究

根据深部动压巷道围岩力学环境,取煤系地层中最常见的砂岩试件和煤体试件进行岩石静力学、准静力学和动力学试验。

(1)研究砂岩在不同加载速率、增压循环加载以及加-卸载条件下弱化规律。

(2)研究煤-岩组合体试件在准静载条件以及冲击加载条件下的弱化规律。

(3)结合岩体强度准则,探讨适用于深部采动岩体的本构模型。

(4)总结深部动压巷道围岩在时间和空间上的弱化规律。

1.3.2　深部动压巷道围岩应力场分布及演化规律

以平煤集团十矿24130工作面回采巷道为背景,结合地应力测量资料及数值模拟计算,研究深部采场支承压力分布规律以及随采面推进过程中的动态演化规律。

(1)研究深部巷道开挖后应力集中形成的巷道局部应力场分布特征及其演化规律。

(2)利用复变函数研究不同应力条件下不同形状断面巷道的局部应力场和位移场。

(3)结合弹塑性力学与岩石力学,推导巷道塑性区形态及其动态变化规律。

1.3.3　深部动压巷道围岩变形破坏特征分析

深部动压巷道围岩表现出特有的变形破坏特征,这些独特的变形特征往往是造成深部动压巷道围岩难以控制的主要原因。结合现场工程实际,通过现场观察、探测等手段研究深部动压巷道围岩变形破坏特征。

(1)采用CXK6矿用本安型钻孔成像仪对采动巷道围岩内部裂隙分布特征进行探测。

(2)对现场获取的岩样进行点载荷试验,统计深部动压巷道围岩的强度变化。

(2)对采动巷道不同区域围岩进行分类,获得采动巷道围岩裂隙分布扩展规律。

1.3.4　深部动压巷道围岩控制原理与支护技术

(1)锚杆(索)作为一种主动支护结构,支护成本相对较低且支护效果好,在巷道围岩控制方面有广泛应用。深部巷道围岩中锚杆(索)等支护结构作用对象主要是裂隙岩体。因此,采用水泥砂浆预制裂隙类岩体,玻璃纤维塑料筋材(GFRP)模拟锚杆,制作不同全长锚固裂隙类岩体试件;分析裂隙试件在加锚条件下的变形破坏特征以及锚杆对裂隙岩体的锚固作用机制。

(2)深部动压巷道变形量大,从而要求支护结构具有较强协调变形能力,而传统支护结构变形量不够。因此,根据锚杆和钢管等常用支护构件进行新型大变形锚杆、主动支撑梯形可缩性支架以及深部软弱破碎顶板支护系统的研制,开展相关的力学特性测试和模拟,并进行工程应用;结合锚杆的锚固作用机理和让压原理,研究适合于深部采动巷道的围岩控制技术。

1.4 主要研究方法与科学问题

1.4.1 研究手段与方法

本书从深部动压巷道围岩力学特性、深部动压巷道围岩应力场演化规律、深部动压巷道围岩变形破坏特征以及深部动压巷道围岩控制原理及其支护技术几个方面入手,运用采矿学、矿山岩体力学、岩石力学、弹塑性力学、材料力学、块体力学、工程力学等多学科理论,综合国内外现有研究成果,采用现场调研总结、相似模拟试验、数值模拟计算和力学试验分析等手段紧密围绕存在的科学问题,开展4个部分内容的研究工作。具体研究思路如图1-8所示。

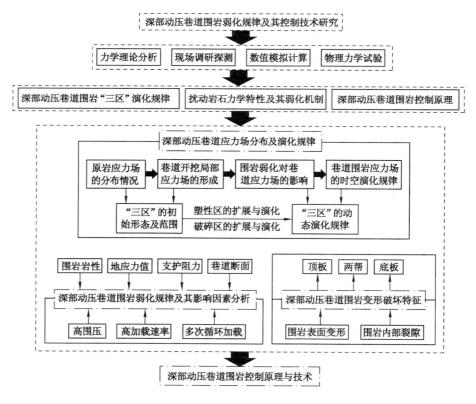

图 1-8 研究思路

1.4.2 主要科学问题

1) 深部动压巷道围岩"三区"演化规律

深部动压巷道围岩难以控制的主要原因在于不断变化的高地应力,在巷道开挖以及工作面回采过程中,巷道围岩体中主应力始终是动态变化的,它与巷道围岩的空间位置和采掘活动的时间均密切相关。主应力的变化导致巷道围岩弹性区、塑性区和破碎区"三区"的形态和范围不断变化,塑性区的连续变形和破碎区的非连续变形是导致巷道围岩大变形破坏的主要原因。因此,弄清深部动压巷道围岩"三区"的演化规律就是研究巷道围岩的"分区"弱化规律。

2) 扰动岩石力学特性及弱化机制

在深部动压巷道围岩应力场的时空演化规律基础上,结合一系列试验,对岩石或岩体在不同应力条件下的力学特性进行分析;建立岩石或岩体与应力条件之间的相关关系及其内在强度的弱化机制,将有助于对深部工程岩体的强度进行定性认识和定量计算,为巷道支护提供基础依据。

3) 深部动压巷道围岩控制原理

在对深部岩体在动压巷道应力场中的力学特性有一定认识之后,结合深部动压巷道工程实际进行巷道围岩变形及其控制原理分析;根据深部动压巷道围岩控制机理,提出相应的支护对策并进行工程实践。

2 深部动压巷道围岩弱化规律

在深部多因素、多场耦合动态作用的应力条件下,岩体表现出的力学特性造成深部动压巷道围岩难以控制。为研究煤炭深部开采掘进和回采扰动对岩体力学特性的影响,本章通过煤矿中常见的砂岩试件进行不同应力扰动条件下的力学试验,从岩石力学的角度探讨动压巷道围岩变形的内在机理和控制原理。

巷道开挖造成巷道表面围岩某一方向的应力卸载,应力状态由三维应力状态转变为二维应力状态。以圆形巷道为例,巷道开挖后巷道表面的围压中便只有环向应力和沿巷道轴向的应力,巷道表面围岩的径向应力为零。因此,巷道的径向是围岩的最小主应力方向,而巷道环向应力则近似认为是巷道围岩的最大主应力。开挖造成围岩应力重新分布,应力的调整引起巷道围岩产生不同程度的弱化,在工作面回采过程中,应力的调整更为剧烈。因此,根据应力的分布特征和岩体的弱化程度可对回采巷道围岩进行分区。从巷道表面直至围岩深处依次可划分为:破碎区、塑性区和弹性区(原岩应力区)。其中,破碎区和塑性区之和称为极限平衡区,而破碎区、塑性区和弹性区合起来称为开挖扰动影响区;同时,极限平衡区和开挖扰动影响区的范围和边界是动态变化的,如图 2-1 所示。

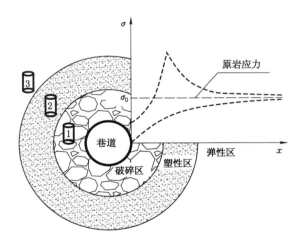

图 2-1 巷道围岩分区应力状态示意图

可以看出,在巷道表面的破碎区煤/岩体(如 1 号试件)可通过不同扰动条件下的单轴压缩试验来研究其变形破坏特性。再往围岩深部,岩体的应力状态逐渐恢复三维应力状态,该过程中岩体的围压逐渐增大,这一区域围岩(包括塑性区和弹性区,如 2 号试件)力学特性通过不同围压条件下的三轴压缩试验进行模拟研究。在深部巷道围岩的原岩应力区,岩体(如 3 号试件)力学特性可通过高围压下的三轴加载进行研究。此外,巷道周边围岩的非均匀弱化过程又不仅仅是围压的变化引起的,而是应力大小和应力状态都在动态变化,从而导致深部巷道围岩的大变形破坏。因此,根据深部巷道围岩所处的应力环境进行不同扰动因子条件下的围岩弱化规律分析。

对于原岩体来讲,扰动因子是指由于人类的工程活动产生的对巷道围岩强度弱化具有直接影响作用的变化因素,如应力场、温度场、渗流场以及物化环境的变化等。就深部回采巷道的煤/岩体而言,最主要的扰动因子是应力场的变化。影响动压巷道围岩弱化的应力扰动因子从本质上可分为:变速率应力加载扰动,循环应力加载扰动和围压变化扰动。针对这三类应力扰动因素,在 RMT-150C 电液伺服岩石力学实验系统和 MTS-185 岩石力学实验系统进行多组扰动条件下岩石力学特性试验。

2.1 加载速率扰动弱化试验

巷道围岩中煤岩体的强度与受载速率相关,当煤岩体的受载速率高于其变形速率时,煤岩体应变量小于试件能够达到的应变量,则表现出较高的弹性模量。所以,煤岩体的受载速率越大,煤岩体表现出的测试强度就越大;反之,受载速率越小其强度就越小。换言之,煤岩体的测试强度随着载荷作用时间的增加而降低。因此,煤岩体的强度是一个与受载速率相关的变量。

2.1.1 不同加载速率下的单轴压缩试验

对于深部动压巷道而言,回采期间工作面前方煤岩体中支承压力是逐渐增加的,属于低速率加载。因此,设计了 6 种加载速率条件下的单轴破断试验,研究不同加载速率对岩石强度的扰动弱化作用。加载速率分别为:0.000 5 mm/s、0.001 mm/s、0.005 mm/s、0.01 mm/s、0.05 mm/s 和 0.1 mm/s。在加载的同时,采用美国物理声学公司(PAC)生产的 AEwin-USB 型声发射检测系统,对加载过程中的声发射进行采集。单轴试验组试件的实际几何尺寸及单轴抗压强度见表 2-1。

表 2-1 单轴试验组试件尺寸

试样编号	试件高度/mm				试件直径/mm				加载速率 /(mm·s⁻¹)	单轴抗压强度/MPa
	G_1	G_2	G_3	平均值	R_1	R_2	R_3	平均值		
D_0	99.21	99.25	99.3	99.25	49.34	49.4	49.32	49.35	0.1	55.61
D_1	99.57	99.46	99.29	99.44	49.43	49.31	49.15	49.30	0.05	47.81
D_2	99.19	98.76	98.89	98.95	49.32	49.35	49.27	49.31	0.01	47.39
D_3	99.49	99.54	99.56	99.53	49.36	49.24	49.38	49.33	0.005	46.80
D_4	99.15	99.12	99.11	99.13	49.09	49.31	49.34	49.25	0.001	47.57
D_5	99.21	99.21	99.22	99.21	49.13	49.31	49.26	49.23	0.000 5	41.29

大量的单轴试验表明:当试件的高径比 $h/D=2\sim3$ 时,单轴加载时试件内应力分布较为均匀,处于相对稳定的弹性状态。《岩石力学试验教程》[124]中指出,单轴或三轴抗压标准试件为直径或边长为 50 mm,高径比为 2。当试件尺寸不符合试验标准时,采用直径修正系数 K_D 和高径比修正系数 $K_{h/D}$,其表达式分别如下:

$$K_D = (D/50)0.18 \tag{2-1}$$
$$K_{h/D} = 8/(7+2d/h) \tag{2-2}$$

式中，K_D 为直径修正系数；$K_{h/D}$ 为高径比修正系数；D 为试件直径，mm；d 为试件半径，mm；h 为试件高度，mm。

在单轴加载至试件破坏时，应力值为其单轴抗压强度，即：

$$\sigma_c = \frac{P}{A} \tag{2-3}$$

式中，P 为加载至试件破坏时的载荷，N；A 为试件横截面面积，mm^2；σ_c 为试件单轴抗压强度，MPa。

2.1.1.1　加载速率对试件破坏形态的影响

本试验在 RMT-150C 试验机上进行，采用位移加载方式，通过一个轴向位移传感器和两个横向位移传感器监测试件的轴向和横向变形。砂岩试件经过不同加载速率条件下的单轴压缩试验的破坏形态如图 2-2 所示。

（a）整体外观破坏形态

（b）内部破坏形态

图 2-2　不同加载速率条件下砂岩试件的破坏形态

由图 2-2 可以看出，砂岩试件在不同加载速率条件下的破坏外观形态均呈现出"剥壳"状破坏。在加载过程中，从试件上端部开始出现"壳"状开裂，越往下部，"壳"的厚度逐渐增加，在试件中下部达到最大，然后又逐渐变薄，直到试件下端部。结合砂岩试件内、外破坏形态来看，砂岩试件的基本破坏形态为：以上、下端面为底的圆锥体和中间厚两边薄的圆弧"壳体"组成。沿直径剖面上来看，砂岩在不同加载速率条件的单轴加载破坏均表现为"X"型剪切破坏，说明在本试验范围内加载速率对砂岩试件破坏形态的影响不大。事实上，在冲击载荷这种高速率载荷作用下，岩石或岩体的破坏形态是有所不同的。

2.1.1.2　加载速率与试件强度关系分析

砂岩试件在不同加载速率下的应力-应变曲线如图 2-3 所示。可以看出，砂岩试件应力-应变曲线变化趋势基本相同，其中峰值强度最大的是 D_0 号试件为 55.613 MPa，其加载速率为 0.1 mm/s;其次为 D_1 号试件,峰值强度为 47.809 MPa,加载速率 0.05 mm/s;D-2 号试件峰值强度为 47.387 MPa,加载速率为 0.01 mm/s;加载速率为 0.005 mm/s 的 D_3 号试件峰值强度为 46.8 MPa;加载速率为 0.001 mm/s 的 D_4 号试件峰值强度为 43.57 MPa;峰值强度最小的是 D_5 号试件为 41.289 MPa,其加载速率为 0.000 5 mm/s。将各加载速率条件下砂岩试件的峰值强度经式(2-1)~式(2-3)计算修正后拟合得到加载速率与砂岩试件峰值强度之间的相关关系,见图 2-4。

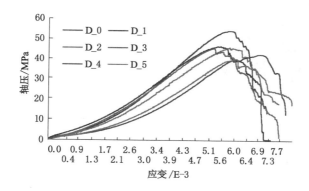

图 2-3　不同加载速率下砂岩单轴压缩应力-应变曲线

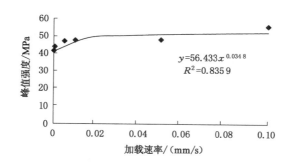

图 2-4　加载速率下砂岩抗压强度关系

　　由图 2-4 可以看出,砂岩试件的峰值强度在加载速率为 0.1~0.000 5 mm/s 范围内,其单轴抗压强度没有明显受到加载速率的影响。但从整体趋势上来看,加载速率越高,试件的强度越大,试件平均单轴抗压强度为 47.078 MPa。通过拟合发现,加载速率与砂岩试件的单轴抗压强度之间的关系为幂函数关系时的置信度最高($R^2 = 0.835\ 9$)。其表达式为:

$$\sigma_c = 56.433 v(t)^{0.034\ 8} \tag{2-4}$$

式中,σ_c 为单轴抗压强度,MPa;$v(t)$ 为应力加载速率,mm/s。

　　研究表明,在加载速率更高的冲击载荷条件下,岩石的峰值强度会有所升高[125];反之,应力加载速率越低,砂岩试件的单轴抗压强度越小。因此,深部条件下的低速率高应力加载是巷道围岩强度弱化的扰动因素之一。

2.1.1.3　加载速率与试件损伤关系分析

　　通过声发射监测,对砂岩试件在不同速率加载过程中的损伤情况进行分析。每个试件均设置了 2 个通道的声发射探头,位置分别安装于圆柱体试件的上部和下部,呈对角布置,如图 2-5 所示。

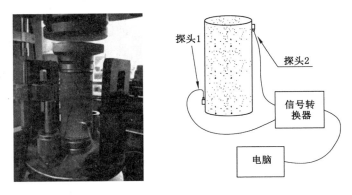

图 2-5　声发射探头安装示意图

经过监测,得到不同加载速率条件下砂岩试件的声发射结果如图 2-6 所示。可以看出,随着加载速率的减小,试件在初始加载阶段声发射撞击数较少,初始损伤程度较弱。从能量来看,在初始阶段释放的能量都比较少,能量主要集中在加载后期阶段释放。结合前面试件的应力-应变曲线可以看出,试件的能量释放主要集中在试件的峰值强度阶段。可以推断,试件所受的载荷越大,受载时间越长,其损伤弱化程度就越大。在试件达到峰值强度时,试件的损伤最集中。

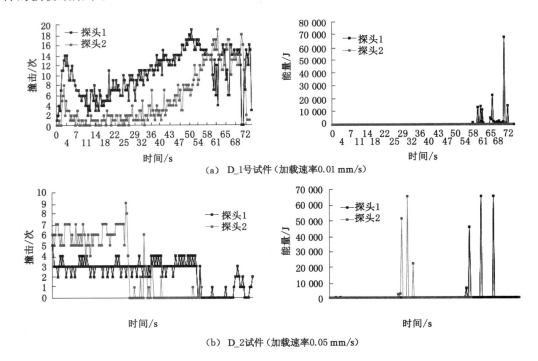

图 2-6　不同加载速率声发射监测结果

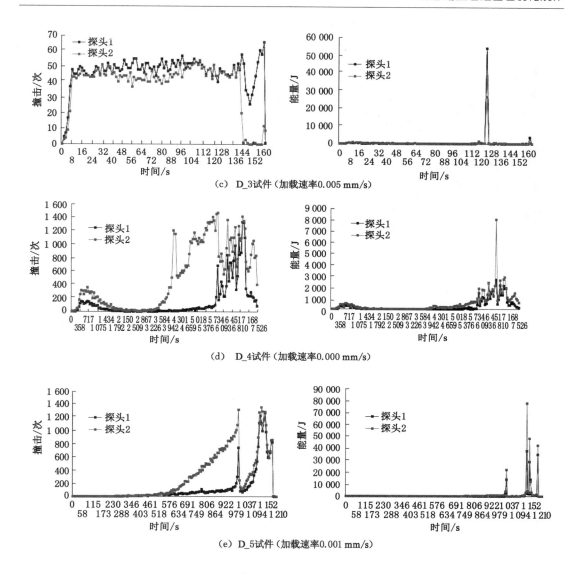

图 2-6（续）　不同加载速率声发射监测结果

2.1.2　不同加载速率下的巴西劈裂试验

采用巴西劈裂法研究不同加载速率对砂岩试件抗拉强度的影响。通过对圆盘形试件某一直径剖面平行对称施加线性载荷,在该直径面上产生压应力,垂直于该直径面方向上产生拉应力,由于岩石抗拉强度远小于抗压强度,圆盘试件最终在间接产生的拉应力作用下劈裂破坏,称之为"巴西劈裂试验法"。巴西劈裂法试验及加载过程中试件上的应力分布如图 2-7 所示。

根据劈裂试验可以得到试件的抗拉强度,即:

$$\sigma_{\mathrm{t}} = \frac{2P_{\mathrm{s}}}{\pi Dh} \tag{2-5}$$

式中,P_{s} 为劈裂试验中的最大压力值,N;D 为试件直径,m;h 为试件高度,m。

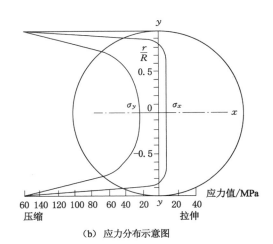

（a）RMT-150C试验机劈裂试验   （b）应力分布示意图

图 2-7 劈裂试验及应力分布示意图

对试件进行编号后测量每个试件的尺寸,同样采用位移加载方式,加载速率分别为：0.005 mm/s、0.001 mm/s、0.000 5 mm/s 和 0.000 1 mm/s,见表 2-2。

表 2-2 间接拉伸试验组试件尺寸及加载速率

试样编号	试件高度/mm				试件直径/mm				加载速率 /(mm·s⁻¹)	劈裂压力 /kN
	G_1	G_2	G_3	平均值	R_1	R_2	R_3	平均值		
P_2	49.68	49.69	49.87	49.75	49.34	49.33	49.34	49.34	0.005	3.68
P_3	50.17	50.5	50.25	50.31	49.4	49.4	49.33	49.38	0.001	3.28
P_4	50.72	50.61	50.63	50.65	49.42	49.41	49.43	49.42	0.000 5	3.20
P_5	50.21	50.19	50.15	50.18	49.32	49.34	49.38	49.35	0.000 1	2.91

2.1.2.1 加载速率对试件破坏形态的影响

在试件两个端面安装声发射探头后开始在不同加载速率下进行劈裂试验,如图 2-8 所示。

可以看出,在不同的加载速率条件下,砂岩的劈裂破坏形态基本一致,呈线性拉裂破坏,加载速率对砂岩试件的劈裂破坏形态影响较小。

2.1.2.2 加载速率对试件抗拉强度的影响

经过试验得到,垂直压力随时间的变化曲线如图 2-9 所示。

由图 2-9 可以看出,在加载速率为 0.005 mm/s 的 P_2 号试件的垂直压力最大,为 3.675 3 kN;加载速率为 0.001 mm/s 的 P_3 试件垂直力次之,为 3.275 4 kN;加载速率为 0.000 5 mm/s 的 P_4 号试件垂直压力为 3.199 0 kN;加载速率为 0.000 1 mm/s 的 P_5 号试件,垂直压力为 2.905 5 kN。由此可以推断,加载速率越大,砂岩试件所能承受的垂直压力越大,抗拉强度就越大;加载速率越小,对砂岩的抗拉强度就越小。根据式（2-5）和表 2-2 得到试件的抗拉强度与应力加载速率之间的关系,如图 2-10 所示。

（a）试验前的试件及安装

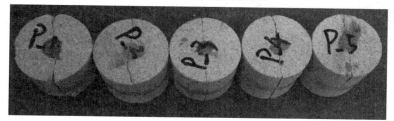

（b）试件破裂破坏后形态

图 2-8 砂岩试件劈裂破坏试验

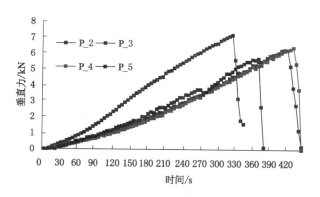

图 2-9 砂岩间接拉伸压力变化曲线

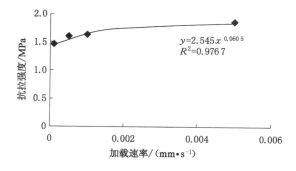

图 2-10 砂岩试验抗拉强度与加载速率间的关系

通过拟合发现,加载速率与砂岩试件的单轴抗压强度之间的关系为幂函数关系时的置信度最高($R^2=0.976\,7$),其表达式为:

$$\sigma_c = 2.545v(t)^{0.060\,5} \tag{2-6}$$

式中,σ_c为单轴抗压强度,MPa;$v(t)$为应力加载速率,mm/s。

可以看出,砂岩试件的抗拉强度随加载速率的降低而减小,表现为幂函数关系。

2.1.2.3 加载速率与试件损伤关系分析

通过声发射监测可以对砂岩试件的损伤弱化进行进一步的研究,两个探头分别布置于砂岩两端面的中心,声发射监测结果如图 2-11 所示。可以看出,砂岩试件在间接拉伸过程中的损伤劈裂比较集中。加载速率较大,试件初期损伤较多,加载速率越小,试件劈裂损伤在加载后期的集中程度越大。

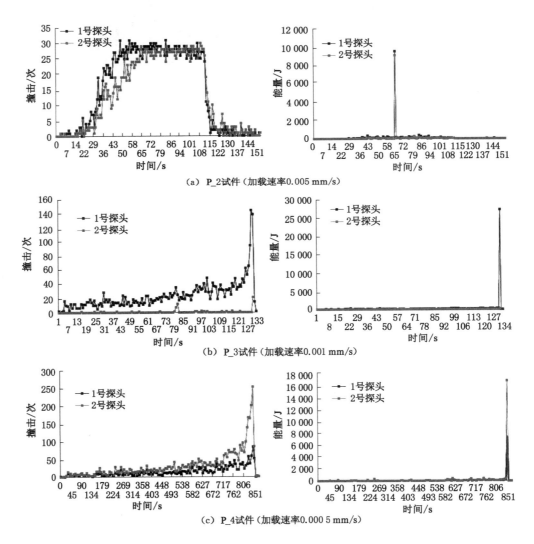

图 2-11 砂岩间接拉伸声发射结果

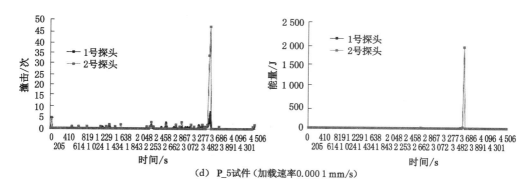

(d) P_5试件（加载速率0.000 1 mm/s）

图 2-11（续） 砂岩间接拉伸声发射结果

2.2 增压循环加载扰动弱化试验

深部动压巷道围岩经常处于循环扰动应力环境中，为研究循环扰动载荷对巷道围岩的弱化作用，对砂岩试件进行循环加载。试验方案为：采用增压循环加载方式，研究不同循环次数条件下砂岩试件的变形破坏规律。循环次数设置为 5 种，分别为：5 次、10 次、20 次、30 次和 40 次。其中，5 次、10 次和 20 次循环加载试件的起始应力平均值为 30 MPa，30 次和 40 次循环加载的起始平均应力值为 40 MPa。每次加载的下一阶段循环应力平均值比上一阶段循环的应力平均值递增 10 MPa，每阶段循环中应力幅值为对应平均值的 1/2。即在应力平均值为 30 MPa 时，其应力幅值为 15 MPa，在此阶段的循环加载中应力值最大为 42.5 MPa，应力最小值为 17.6 MPa；在下一个应力循环中，应力平均值为 40 MPa，其最大应力值为 60 MPa，最小应力值为 20 MPa。本组试验试件的编号及尺寸见表 2-3。

表 2-3 砂岩单轴循环加载试验组试件尺寸

试样编号	试件高度/mm				试件直径/mm				循环加载强度/MPa
	G_1	G_2	G_3	平均值	R_1	R_2	R_3	平均值	
XH05-30	98.45	98.40	98.41	98.42	48.41	48.45	48.45	48.44	45.70
XH10-30	97.31	97.28	97.33	97.31	48.49	48.53	48.58	48.53	46.54
XH20-30	99.34	99.36	99.42	99.37	49.48	49.54	49.61	49.54	39.09
XH30-40	98.38	98.43	98.41	98.41	49.55	49.51	49.53	49.53	45.12
XH40-40	98.92	99.00	98.99	98.97	49.50	49.53	49.42	49.48	37.41

在进行循环加载之前，应对各试件进行纵波波速测试，然后在不同循环次数下对各砂岩试件进行循环增压加载。各试件的峰值强度与循环次数之间的关系如图 2-12 所示。

通过纵波波速测试可以看出，试件的初始密实度具有一定的离散性，纵波波速测试结果与试件的峰值强度之间的相关性较好，纵波波速越大，试件的峰值强度越高。通过试件峰值应力的趋势线可以看出，随着循环次数的增加，试件的峰值强度在逐渐减小，说明应力的循环扰动会对岩体的强度产生弱化作用。

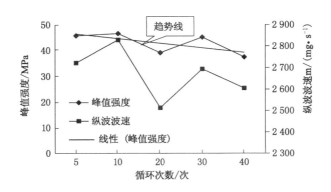

图 2-12 试件峰值强度与循环次数的关系

2.2.1 循环加载对试件破坏形态的影响

经过不同循环次数条件下的加载后,砂岩试件的形态变化如图 2-13 所示。

(a) 循环加载试件

(b) 循环加载试件破坏形态

图 2-13 循环加载试件破坏前后

相比于前面的单轴加载,在循环载荷作用下的单轴加载破坏形态发生了变化。试件在破坏时表面岩体部分直接剥落,且破坏后粉末较多,说明循环加载条件下砂岩试件在达到峰值强度之前累积的损伤更大,试件破坏程度更大。

2.2.2 循环加载对试件抗压强度的影响

砂岩试件循环加载应力-应变曲线如图 2-14 所示。

根据图 2-14 和试件的峰值强度统计发现,每个应力阶段循环 5 次的 1 号试件峰值强度为 45.7 MPa。每个应力阶段循环 10 次的 2 号试件峰值强度为 46.537 MPa。每个应力阶段循环 20 次的 3 号试件峰值强度为 39.087 MPa。初始循环应力为 40 MPa,每个应力阶段

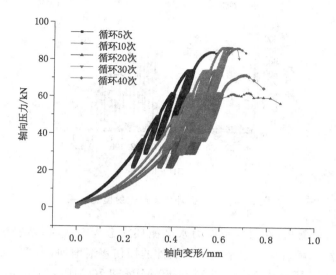

图 2-14　循环加载试件应力-应变曲线

循环 30 次的 4 号试件峰值强度为 45.122 MPa。每个应力阶段循环 40 次,5 号试件峰值强度为 37.413 MPa。循环加载条件下砂岩试件的平均强度为 40.094 MPa。整体来看,循环次数越多,每阶段循环应力越大,试件的累积损伤就越大,试件的峰值强度就越低。

2.2.3　循环加载对试件的损伤影响

循环加载过程中试件的声发射监测结果如图 2-15 所示。

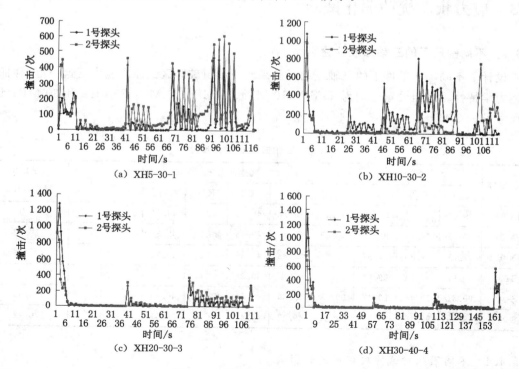

图 2-15　循环加载声发射监测结果

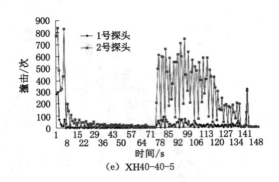

(e) XH40-40-5

图 2-15(续)　循环加载声发射监测结果

根据图 2-15 可以看出,在每一个应力水平循环次数为 5 次时,砂岩试件在每个应力循环中产生的损伤较少,随着应力水平的增加试件的损伤逐渐增加,加载至试件破坏需要 5 个应力水平,分别为 30 MPa、40 MPa、50 MPa、60 MPa 和 70 MPa,如循环次数分别为 5 次和 10 次的 1 号和 2 号试件。在每个应力水平中循环加载次数增加到 20 次、30 次和 40 次时,试件在每个加载循环中的损伤较小,但是由于每个应力水平循环次数较多,其累积损伤也较多。当循环次数增加之后,试件加载至破坏仅需 4 个,甚至更少的应力水平。说明试件循环加载的次数越多,初始应力水平越高,试件越容易损伤造成强度弱化。在深部高应力条件下,受工作面回采多次扰动的围岩,其强度会因应力循环扰动而明显地弱化。

2.3　应力状态扰动弱化试验

2.3.1　不同围压下的三轴加载试验

设计了不同围压条件下的三轴压缩试验来研究巷道破碎区到原岩应力区这一范围内的岩体力学特性。围压设置分别为:5 MPa、10 MPa、15 MPa、20 MPa、25 MPa 和 30 MPa,试件尺寸见表 2-4。

表 2-4　三轴试验组试件尺寸

| 试样编号 | 试件高度/mm | | | | 试件直径/mm | | | | 围压/MPa | 三轴抗压强度/MPa |
	G_1	G_2	G_3	平均值	R_1	R_2	R_3	平均值		
JX-03	99.46	99.57	99.72	99.58	49.37	49.35	49.3	49.34	5	79.46
JX-04	98.72	98.79	98.57	98.69	49.36	49.38	49.38	49.37	10	112.72
JX-05	97.75	97.86	97.87	97.83	49.33	49.35	49.37	49.35	15	124.76
S-03	99.67	99.23	99.56	99.49	49.4	49.38	49.42	49.40	20	145.21
S-04	99.51	99.46	99.47	99.48	49.39	49.54	49.37	49.43	25	155.93
S-05	99.19	99.18	99.35	99.24	49.42	49.41	49.41	49.41	30	170.72

2.3.1.1　不同围压对试件破坏形态的影响

通过轴力/围压加载方式,围压加载速率均为 0.1 MPa/s,轴压初始加载速率为 1 kN/s,待围压加载到设置的围压状态后将轴压加载速率改为 0.1 kN/s,直至试件破坏。通过不同围压下的三轴压缩破坏试验,砂岩试件破坏形态如图 2-16 所示。可以看出,相比单轴加载,在有围压状态下,砂岩试件破坏后的形态以块体为主,没有出现"壳"状的破坏。在不同围压下破坏的砂岩试件均表现出"X"型破坏,破坏后主要分为 4 个块体,包括上、下两端的"锥"状块体和左、右两端的"三角"块体。压剪破裂面在低围压下从上端面贯通到下端面,随着围压的增高,压剪破裂面逐渐在试件侧面贯通。

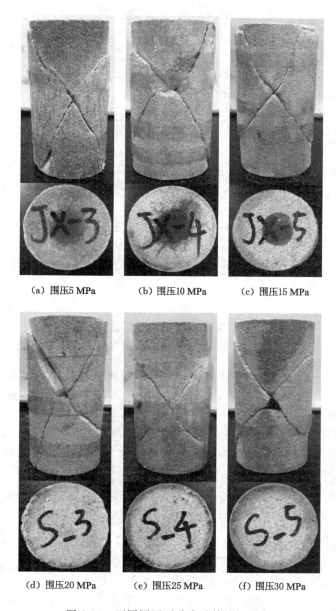

　　(a) 围压5 MPa　　　　(b) 围压10 MPa　　　　(c) 围压15 MPa

　　(d) 围压20 MPa　　　　(e) 围压25 MPa　　　　(f) 围压30 MPa

图 2-16　不同围压下砂岩试件破坏形态

2.3.1.2 不同围压对试件强度的影响

不同围压条件下砂岩试件应力-应变曲线如图 2-17 所示;砂岩试件峰值强度与围压之间的关系如图 2-18 所示。

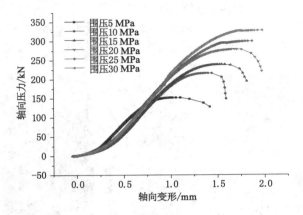

图 2-17 不同围压下砂岩试件应力-应变曲线

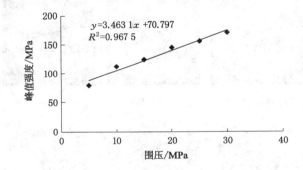

图 2-18 不同围压下的峰值强度曲线

由图 2-17 可以看出,在不同围压下砂岩试件的变形破坏规律在整体趋势上基本相同。在应力较低时,应力随着应变的增加而加速增长,应力曲线向上弯曲,之后逐渐转变为线性增长。在达到峰值强度时,试件开始屈服,应力随着应变的增加而加速减小,应力曲线变为向下弯曲,直至试件破坏。

由图 2-18 可以看出,随着围压的增高,砂岩试件的峰值应力强度近似线性增加,围压越高,试件破坏的峰值强度越高。通过线性拟合得到围压与砂岩试件的三轴抗压强度之间的表达式为(置信度 $R^2 = 0.967\ 5$):

$$\sigma_1 = 3.463\ 1\sigma_3 + 70.797 \tag{2-7}$$

式中,σ_1 为三轴压缩强度,MPa;σ_3 为三轴加载围压,MPa。

可以看出,砂岩试件的三轴强度随加围压的降低而减小,且近似呈线性弱化关系。在不同围压下,砂岩试件的轴向应变如图 2-19 所示。

由图 2-19 可以看出,砂岩试件的轴向应变随着围压的增高而增大,其变形基本呈 3 个阶段,即减速变形阶段、稳定变形阶段和加速变形阶段。以上说明,围压越大,砂岩在破坏之

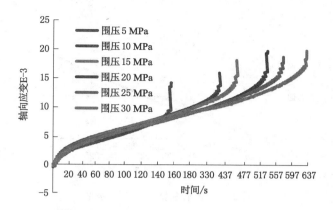

图 2-19 不同围压下的变形曲线

前的变形量越大。如果将支护阻力看作围压,那么支护阻力越大,可以提高锚固岩体在垂直支护阻力方向的变形能力,即顶、底支护阻力提高顶、底板锚固岩体水平方向变形能力,帮部支护阻力可提高帮部锚固体垂直方向的变形能力。同时,巷道开挖使得巷道表面围岩的围压降低,大大降低了表面围岩的变形能力。

2.3.1.3 高围压下三轴压缩破坏试验

深部岩体最显著的特点是地应力大,同时围压也很大,故设计了一组高围压下的三轴压缩试验。试验在 MTS-185 岩石力学试验系统上进行。该设备由加载系统、控制器、测量系统等部分组成,最大轴向力 4 600 kN,最大轴向拉力 2 300 kN,最大围压为 140 MPa。考虑到试验机的稳定性,最终确定 90 MPa 高围压进行试验,MTS-185 岩石力学试验系统具有多种加载模块,用户通过自行组合编程可实现不同的加载方式。MTS-185 试件安装过程如图 2-20 所示。

图 2-20 MTS-185 试件安装过程

为减小围压加载过程中试件的损伤和破坏,轴压和围压同时进行加载,采用时间控制,在 180 s 内将轴压加载至 140 kN,围压加载至 90 MPa。在加载至预定围压后稳定 30 s,然后以 1 kN/s 的加载速率对试件施加轴压,直至试件破坏,记录加载过程中的轴力、轴向变形和环向变形。加载过程的轴力以及围压变化如图 2-21 所示。砂岩试件在 90 MPa 围压下轴向应变与环向应变曲线如图 2-22 所示。

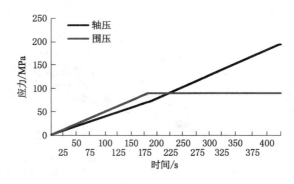

图 2-21 围岩和轴力加载过程曲线

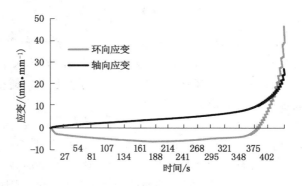

图 2-22 轴向应变与环向应变曲线

由图 2-21 和图 2-22 可以看出,围压加载到预定围压之前轴向应力加载速率小于环向应力加载速率,试件在轴向上在逐渐压缩(应变曲线表现为正增长),在环向上逐渐膨胀(应变曲线表现为负增长)。在围岩达到预定值 90 MPa 后(加载 180 s 后),围压保持稳定,轴压继续增加(增长速率变为 1 kN/s)。试件环向变形基本稳定,而轴向变形继续增加直到轴压加载到与围压相等(即加载到 219 s 左右)。当轴压超过 90 MPa 后,试件的轴向应变继续增大而环向应变略微减小,直到轴压加载到 180 MPa 左右时,环向应变和轴向应变均突然增大,这不符合连续介质的变形规律,说明此时试件已经破坏。这与不同围压条件下的应力峰值(170.635 MPa)相比,高围压状态下砂岩的峰值应力为 185 MPa 左右,并不满足前面应力峰值与围压之间的线性关系。这说明在高围压状态下,砂岩试件已表现出延性变形的特点,在高围压条件下砂岩试件的变形破坏特征已发生改变。

2.3.2 三轴加载-卸围压-单轴压缩破坏试验

深部巷道开挖,对于围岩来讲的力学本质是在较高的三维应力状态下围压卸载。在回采过程中,基本顶的悬顶、破断对于巷道围岩实质上是应力再加载过程。因此,有必要研究岩体在三轴加载-卸围压然后再加载过程中的弱化特征。试验设计方案如下:取一组砂岩试件在 30 MPa 围压条件下对砂岩试件进行 50%~70%峰值强度的轴压加载。围岩加载速率为 1 MPa/s,轴压加载速率为 1 kN/s,待围岩加载到 30 MPa 后,轴压加载速率改为 0.5 kN/s,逐渐加载至设定的轴压值,然后维持轴压和围压 1 min 左右,之后直接卸载围压。

三轴加载-卸载-单轴压缩试验组的尺寸及加载参数见表2-5。

表 2-5　三轴加载-卸载-单轴压缩试验组试件尺寸

试样编号	试件高度/mm				试件直径/mm				最大轴压/MPa
	G_1	G_2	G_3	平均值	R_1	R_2	R_3	平均值	
JXJ-01	99.09	99.19	99.22	99.17	49.41	49.45	49.37	49.41	229(70%)
JXJ-02	99.68	99.84	99.92	99.81	49.29	49.32	49.32	49.31	196(60%)
JXJ-03	99.5	99.21	99.38	99.36	49.34	49.24	49.25	49.28	212(65%)
JXJ-04	99.71	99.64	99.72	99.69	49.38	49.32	49.34	49.35	179(55%)
JXJ-05	98.87	99.09	98.81	98.92	49.33	49.25	49.07	49.22	163(50%)

通过试验发现,在三轴加载-卸载后 JXJ-01 号试件(轴压为 70% 峰值强度)和 JXJ-03 号试件(轴压为 65% 峰值强度)产生了变形破坏。其余试件均未破坏,如图 2-23 所示。

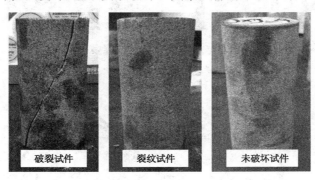

图 2-23　三轴加载-卸载后试件破坏情况

由图 2-23 可知,三轴加载-卸载后的试件破坏形态发生了变化。试件的破裂面和产生的裂纹表现出单一剪切破裂面,这与单轴加载和不同围压下的三轴加载破裂形态均不相同,说明在三轴加载-卸载条件下砂岩试件的破坏机理有所不同。三轴加载-卸载后,JXJ-02 号试件(轴压为 60% 峰值强度)、JXJ-04 号试件(轴压为 55% 峰值强度)和 JXJ-05 号试件(轴压为 50% 峰值强度)均未发生破坏,但其内部已经产生了损伤。为研究其损伤情况和卸载后的力学特性,结合声发射监测进行单轴加载测试,如图 2-24 所示。

从破坏形态上来看,经过三轴加载-卸载的砂岩试件在单轴加载条件下的破坏形态与单轴加载试验组破坏形态相同,说明砂岩的破坏形态与最终的破坏时的应力状态有关,而与之前的加载历史关系不大,但破坏前的加载过程必然对试件造成损伤,试件强度也有所弱化。因此,结合三轴加载-卸载-单轴压缩砂岩组的应力-应变曲线对砂岩试件的损伤弱化规律进行深入分析。

由图 2-25 可以看出,在围压为 30 MPa 条件下,轴压加载越高,卸载后再单轴加载的砂岩试件强度越低。在同样的围压下,虽然试件没有破坏,但轴压加载越大,砂岩试件内部的损伤程度越大。深部巷道围岩在较高的地应力作用下,开挖后围岩强度产生较大程度的弱化,这也是造成深部围岩难以控制的原因之一。试件三轴加载-卸载及单轴加载时的声发射监测结果如图 2-26 所示。

图 2-24　单轴再加载后的破坏形态

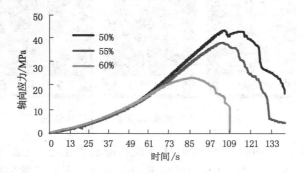

图 2-25　三轴加载-卸载-单轴压缩
砂岩组应力变化曲线

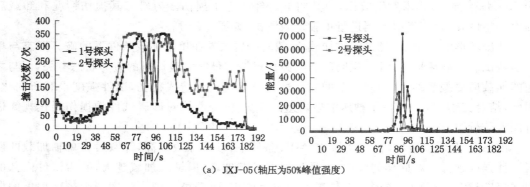

（a）JXJ-05（轴压为50%峰值强度）

图 2-26　三轴加载-卸载-单轴压缩声发射监测

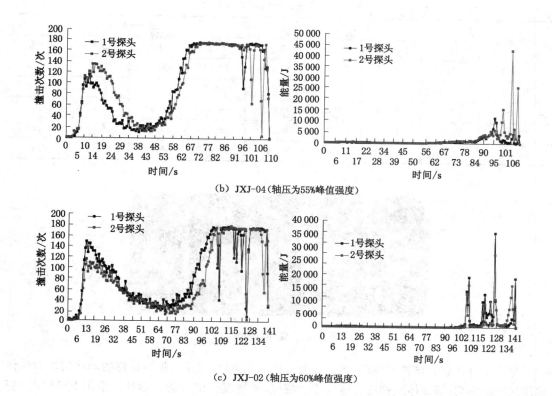

(b) JXJ-04(轴压为55%峰值强度)

(c) JXJ-02(轴压为60%峰值强度)

图 2-26(续)　三轴加载-卸载-单轴压缩声发射监测

相比于单轴压缩条件下的声发射监测结果,在三轴加载-卸载-单轴加载砂岩试件在单轴加载至破坏过程中,试件产生的撞击次数和释放的能量均较小,声发射主要集中在峰值应力之后。研究表明,在相同的围压下的三轴加载过程中,轴压越大产生的初始损伤越大,再单轴加载时岩体的强度较低。

2.4　煤体试件力学特性试验

在深部煤矿中,有时煤层厚度较薄或者是开采薄煤层来释放邻近较厚煤层的瓦斯而进行的开采通常会涉及半煤岩巷道,而此类巷道围岩的变形破坏与单一的煤层巷道或岩层巷道并不相同。因此,研究深部巷道围岩的弱化规律,需要对此类巷道围岩进行分析。首先分别研究砂岩和煤体试件的力学特征,然后再分析煤-岩组合体的力学特征。

2.4.1　煤体声波测试

针对煤体试件设计了单轴压缩、三轴压缩以及间接拉伸试验,可为煤岩体组合试件的特性测试提供基础数据。单轴加载和三轴加载煤体试件尺寸见表 2-6;煤体试件如图 2-27 所示。

表 2-6 单轴加载煤体试件尺寸

试件编号	试件高度/mm				试件直径/mm			
	G_1	G_2	G_3	平均值	D_1	D_2	D_3	平均值
A-coal	100.56	100.64	100.47	100.56	48.40	48.51	48.54	48.48
B-coal	101.03	101.32	101.23	101.19	47.98	47.97	48.04	48.00
SZ-01	101.19	101.17	101.28	101.21	48.48	48.53	48.52	48.51
SZ-02	99.42	99.38	99.51	99.44	48.53	48.53	48.51	48.52
SZ-03	98.99	98.95	98.93	98.96	48.48	48.38	48.49	48.45

图 2-27 煤体标准试件

煤体试件比砂岩试件质地轻,试件表面可见细小裂纹,考虑到煤体试件的非均匀性对煤体试件强度的影响,对煤体试件进行纵波波速测试,掌握煤体试件的连续性。采用 RSM-SY5 智能非金属超声波仪进行测试,主要部件如图 2-28 所示。

图 2-28 纵波测试主要部件

输入试件高度之后,点击"采样"则发射输出端口发出的电脉冲信号穿过试件后由接收端口接收,自动计算出纵波在试件中的传播速度。试件连续性好则纵波传播速度快,反之说明试件的连续性较差,煤体试件测试结果如图 2-29 所示。

从煤体试件波速测试结果可以看出,试件 A-Coal、B-Coal 和 SZ-01 的连续性较好;试件 SZ-02 和 SZ-03 的纵波波速相对较小,其中 SZ-02 的连续性最差。

2.4.2 煤体强度测试

2.4.2.1 单轴抗压强度

对煤体试件进行单轴加载,加载速率为 0.2 kN/s,加载至试件破坏,并进行声发射监测。煤体试件加载过程中试件产生崩裂破坏现象,如图 2-30 所示。

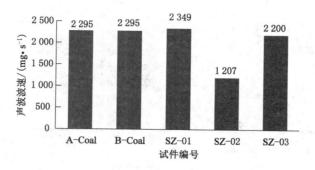

图 2-29 煤体试件纵波波速

（a）崩裂破坏　　　　　　　（b）A-Coal　　　　　　　（c）B-Coal

图 2-30 煤体试件单轴加载破坏形态

可以看出，煤体试件在单轴加载条件下的变形基本呈线性变化（图 2-31），没有明显的阶段性变形，试件加载到峰值应力后直接脆性崩裂破坏，表明该煤体试件的冲击破坏倾向性较高。A-Coal 试件和 B-Coal 试件的单轴抗压强度分别为 64.206 MPa、59.783 MPa，平均强度为 61.99 MPa。煤体试件单轴加载声发射监测结果如图 2-32 所示。

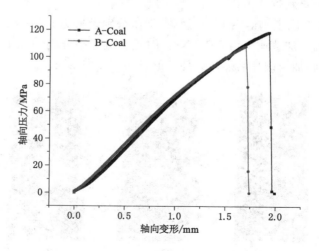

图 2-31 煤体试件单轴加载应力-应变曲线

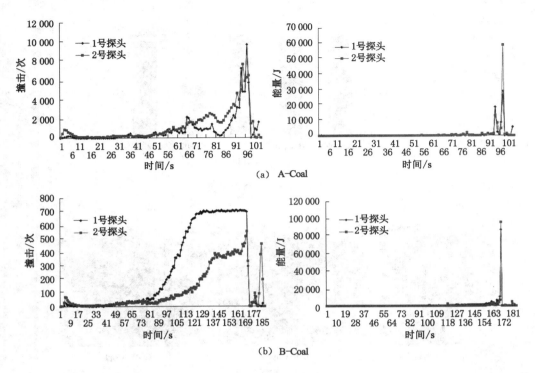

(a) A-Coal

(b) B-Coal

图 2-32　煤体试件单轴加载声发射测试结果

　　从煤体试件的声发射监测结果可以看出,煤体试件在单轴加载条件下其声发射事件主要集中在接近峰值强度阶段,A-Coal 试件为瞬间集中产生声发射事件,而 B-Coal 试件有一段持续产生声发射的时间。但从试件破坏释放的能量来看,两个试件均是能量的瞬间释放,造成试件崩裂破坏。

2.4.2.2　煤体三轴加载强度测试

　　对煤体试件进行不同围压下的三轴加载,围压分别设置为 5 MPa、10 MPa 和 15 MPa。其中,三个试件的轴力加载速率均为 1 kN/s,围压加载速率分别为 0.1 MPa/s、0.2 MPa/s 和 0.5 MPa/s。三轴加载破坏后煤体试件的形态如图 2-33 所示。

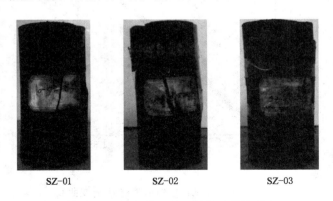

SZ-01　　　　SZ-02　　　　SZ-03

图 2-33　三轴加载破坏后煤体试件的形态

从煤体试件三轴加载条件下的破坏形态来看,煤体试件的破坏没有出现如同砂岩一样的"X"型剪切破裂面,而是出现了单一倾斜剪切面和横向破裂面等不规则破坏。三轴加载煤体试件的应力-应变曲线如图 2-34 所示。

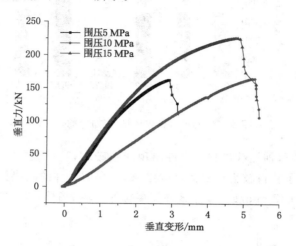

图 2-34　三轴加载煤体试件的应力-应变曲线

可以看出,SZ-01 试件的峰值强度为 87.966 MPa,SZ-02 试件的峰值强度为 89.217 MPa,SZ-03 试件的峰值强度为 122.627 MPa,平均为 99.94 MPa。结合前面的声波测试结果可以发现,试件 SZ-01 大于试件 SZ-02 和 SZ-03,试件 SZ-02 的纵波波速最小。说明试件 SZ-01 的连续性最好,试件 SZ-03 次之,试件 SZ-02 的完整程度最差。若在相同的围压下,SZ-01 试件的峰值强度应当最大,SZ-03 试件次之,SZ-01 试件的峰值强度应当最小。但 SZ-02 试件仍略大于 SZ-01 试件,这说明即使围岩的完整程度较差。在围压较高的情况下,煤体试件所能承受的峰值载荷也可以达到较高的水平。影响试件强度弱化的因素除了煤/岩体试件本身内部结构外,围压减小是另一个重要的因素。

2.4.2.3　煤体间接拉伸强度测试

为测试煤体试件的抗拉强度,对煤体试件进行间接拉伸试验(巴西劈裂试验),劈裂试件尺寸见表 2-7。

表 2-7　间接拉伸煤体试件尺寸

试件编号	试件高度/mm				试件直径/mm			
	G_1	G_2	G_3	平均值	D_1	D_2	D_3	平均值
LS-01	50.05	49.92	49.80	49.92	48.53	48.51	48.49	48.51
LS-02	49.19	49.13	49.24	49.19	48.50	48.50	48.47	48.49
LS-03	49.36	49.32	49.37	49.35	48.49	48.47	48.49	48.48
LS-04	49.70	49.68	49.79	49.72	48.46	48.43	48.56	48.48
LS-05	49.60	49.65	49.66	49.64	48.46	48.46	48.51	48.48
LS-06	52.02	51.87	51.85	59.91	48.46	48.42	48.53	48.47

在进行间接拉伸试验之前,首先对试件进行声波测试,其测试结果如图 2-35 所示。

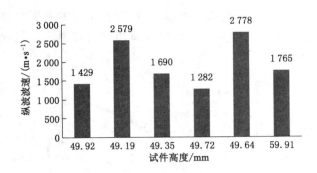

图 2-35　间接拉伸煤体试件波速测试结果

由于在煤体试件单轴加载过程中试件出现崩裂破坏,且声波探测结果可以看出试件的完整程度很离散,为了获得较为可靠的试验结果,对煤体试件的间接拉伸加载速率取较低的值,加载速率均为 0.002 mm/s。煤体试件间接拉伸破坏后的形态如图 2-36 所示。

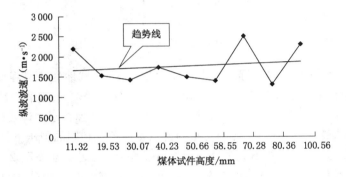

图 2-36　煤体试件间接拉伸破坏后的形态

由图 2-36 可以看出,煤体试件间接拉伸破坏后基本与砂岩试件的劈裂破坏形态一致。其加载压力变化曲线如图 2-37 所示。

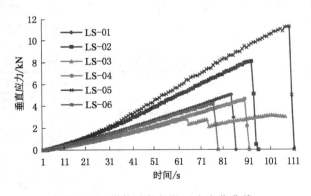

图 2-37　煤体试件加载压力变化曲线

由图 2-37 可以看出,即使在相同的加载方式和较低的加载速率条件下,试件破坏所需的垂直压力仍存在较大的离散性,LS-01～LS-05 试件的最大垂直应力分别为:5.04 kN、

4.34 kN、3.68 kN、4.644 kN、11.3 kN 和 4.198 kN。根据式(2-1)和表 2-7 可以计算出煤体试件的抗拉强度,见表 2-8。

表 2-8　砂岩试件单轴抗拉强度

试件编号	LS-01	LS-02	LS-03	LS-04	LS-05	LS-06	均值
抗拉强度/MPa	5.04	4.34	3.17	4.64	11.3	4.198	1.411

通过声发射监测得到煤体试件劈裂试验的声发射结果,如图 2-38 所示。

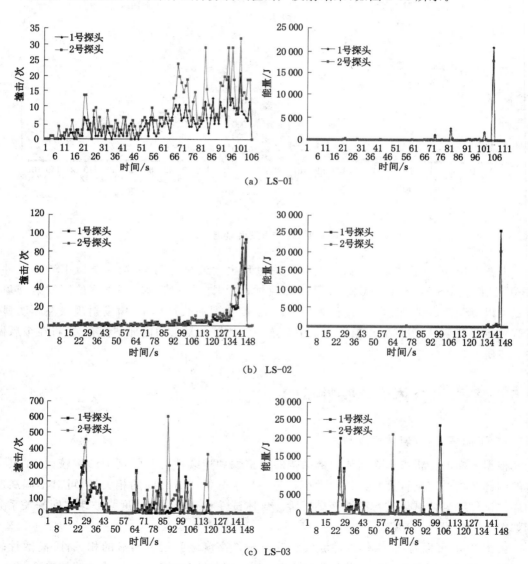

(a) LS-01

(b) LS-02

(c) LS-03

图 2-38　声发射监测结果

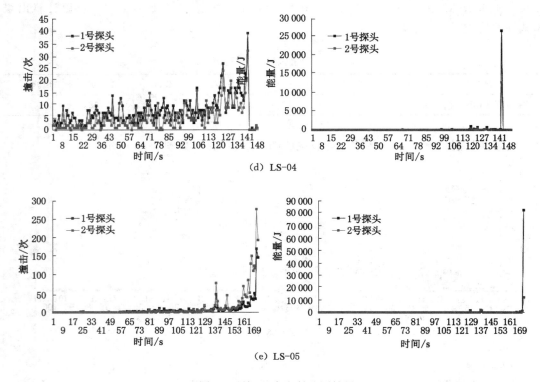

(d) LS-04

(e) LS-05

图 2-38（续） 声发射监测结果

由图 2-38 可以看出，煤体试件的声发射过程也大致分为两类，第一类以 LS-01 试件、LS-03 试件和 LS-04 试件为代表，在劈裂加载过程中，试件一直有较高频率的声发射现象；第二类以 LS-02 试件和 LS-05 试件为代表：在初期劈裂加载过程中，声发射现象并不明显；在试件将要破裂时，声发射现象较为集中。这与煤体试件复杂的内部结构有关，将在今后做进一步研究。

2.5 煤-岩组合体力学特性试验

2.5.1 不同高度煤/岩体声波测试

根据前面的分析可知煤岩体内部结构的完整性和连续性对其强度的影响较大，而煤岩体的内部结构的完整程度与试件的大小有关。为了分析二者之间的相关性，可对不同高度的煤体试件和岩体试件进行声波测试试验。煤体试件和砂岩试件高度与波速之间的关系分别如图 2-39 和图 2-40 所示。

由图 2-39 可以看出，煤体试件纵波波速与试件高度之间没有明显的相关性，离散性较大。但通过线性回归得到的趋势线可以看出，随着试件高度的增加，纵波的波速略有增大，说明煤体试件内部具有较多的节理、裂隙、空隙等不连续结构；同时，在取样过程中，高度较小的煤体试件初始损伤较大，而高度较大的煤体试件取样造成的初始损伤较小。

由图 2-40 可以看出，砂岩试件中的纵波波速随着试件高度的增加而逐渐减小的趋势，

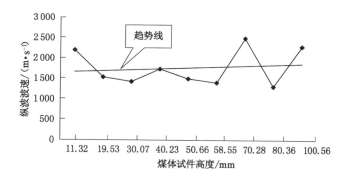

图 2-39 不同高度煤体试件纵波波速

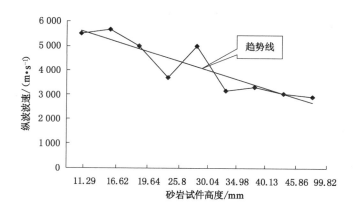

图 2-40 不同高度砂岩试件纵波波速

说明砂岩试件在取样过程中对试件的损伤较小。与煤体试件相比,在试件高度相差不大的情况下,砂岩试件中纵波波速明显高于煤体试件中的纵波波速,说明砂岩试件内部的连续性和完整性要高于煤体试件,且取样过程中受到的扰动影响较小。

2.5.2 煤-岩组合体单轴加载试验

根据前面试验得到的砂岩和煤体力学参数进行煤-岩试件组合,对不同厚度煤岩体组合试件进行单轴加载试验,研究不同厚度煤-岩组合体的强度特征和变形破坏特征。煤-岩组合体试件分为2组。A组试件各部分的尺寸见表2-9;试件如图2-41所示。

表 2-9 A 组试件各部分尺寸

单位:mm

A 组试件		G_1	G_2	G_3	平均值	D_1	D_2	D_3	平均值	总高度	平均值
CR-01	Rock	45.84	45.94	45.81	45.86	48.57	48.61	48.59	48.59	102.83	48.55
	Coal	11.29	11.33	11.35	11.32	—	—	—	48.50		
	Rock	45.71	45.61	45.61	45.64	48.54	48.57	48.53	48.55		

表 2-9（续）

A组试件		G_1	G_2	G_3	平均值	D_1	D_2	D_3	平均值	总高度	平均值
CR-02	Rock	40.10	40.16	40.13	40.13	48.42	48.46	48.47	48.45	99.85	48.49
	Coal	19.51	19.53	19.55	19.53	—	—	—	48.55		
	Rock	40.24	40.14	40.18	40.19	48.50	48.50	48.44	48.48		
CR-03	Rock	34.97	35.01	34.96	34.98	48.58	48.60	48.61	48.60	98.10	48.57
	Coal	30.05	30.06	30.11	30.07	48.50	48.49	48.55	48.51		
	Rock	33.05	33.02	33.08	33.05	48.58	48.58	48.67	48.61		
CR-04	Rock	30.06	30.02	30.05	30.04	48.52	48.55	48.54	48.54	100.36	48.51
	Coal	40.22	40.25	40.22	40.23	48.53	48.42	48.46	48.47		
	Rock	30.07	30.15	30.05	30.09	48.55	48.55	48.51	48.54		
CR-05	Rock	25.76	25.77	25.87	25.80	48.61	48.57	48.52	48.57	102.28	48.55
	Coal	50.66	50.65	50.68	50.66	48.49	48.54	48.47	48.50		
	Rock	25.82	25.84	25.79	25.82	48.58	48.61	48.57	48.59		
CR-06	Rock	19.67	19.62	19.63	19.64	48.61	48.62	48.60	48.61	97.70	48.55
	Coal	58.57	58.55	58.53	58.55	48.47	48.54	48.49	48.50		
	Rock	19.54	19.49	19.50	19.51	48.59	48.55	48.45	48.53		
CR-07	Rock	16.61	16.63	16.62	16.62	48.51	48.56	48.56	48.54	103.84	48.56
	Coal	70.28	70.25	70.30	70.28	48.52	48.51	48.60	48.54		
	Rock	16.89	16.96	16.98	16.94	48.56	48.60	48.62	48.59		
CR-08	Rock	11.32	11.28	11.27	11.29	—	—	—	48.54	102.88	48.52
	Coal	80.42	80.34	80.32	80.36	48.48	48.48	48.44	48.47		
	Rock	11.25	11.19	11.26	11.23	—	—	—	48.55		
Coal-0		100.6	100.6	100.5	100.6	48.40	48.51	48.54	48.48	100.56	48.48
Rock-0		99.49	99.99	99.97	99.82	48.56	48.57	48.53	48.55	99.82	48.55

图 2-41 A组煤-岩组合体试件

B 组试件各部分的尺寸见表 2-10;B 组试件如图 2-42 所示。

表 2-10　B 组试件各部分尺寸 单位:mm

B 组试件		G_1	G_2	G_3	平均值	D_1	D_2	D_3	平均值	总高度	平均值
CR-01	Rock	45.55	45.65	45.61	45.60	48.56	48.58	48.58	48.57	102.40	48.53
	Coal	11.21	11.18	11.19	11.19	—	—	—	48.50		
	Rock	45.63	45.61	45.56	45.60	48.53	48.53	48.53	48.53		
CR-02	Rock	38.77	38.73	38.7	38.73	48.53	48.5	48.49	48.51	98.20	48.47
	Coal	19.44	19.32	19.22	19.33	—	—	—	48.48		
	Rock	40.11	40.13	40.17	40.14	48.4	48.45	48.4	48.42		
CR-03	Rock	35.06	35	34.97	35.01	48.62	48.64	48.6	48.62	100.02	48.58
	Coal	30.04	30	30.03	30.02	48.52	48.49	48.5	48.50		
	Rock	34.97	34.98	35	34.98	48.61	48.64	48.6	48.62		
CR-04	Rock	30.02	30.05	30.05	30.04	48.57	48.54	48.54	48.55	100.35	48.56
	Coal	40.26	40.24	40.17	40.22	48.52	48.55	48.56	48.54		
	Rock	30.04	30	30.22	30.09	48.61	48.62	48.56	48.60		
CR-05	Rock	24.91	25.02	25.06	25.00	48.54	48.61	48.6	48.58	100.89	48.58
	Coal	50.02	50.07	50.11	50.07	48.53	48.55	48.55	48.54		
	Rock	25.78	25.9	25.8	25.83	48.65	48.58	48.59	48.61		
CR-06	Rock	19.64	19.64	19.67	19.65	48.58	48.61	48.59	48.59	99.35	48.55
	Coal	60.23	60.22	60.23	60.23	48.48	48.54	48.5	48.51		
	Rock	19.46	19.46	19.49	19.47	48.49	48.58	48.57	48.55		
CR-07	Rock	19.46	19.49	19.54	19.50	48.59	48.58	48.57	48.58	106.40	48.53
	Coal	70.27	70.35	70.3	70.31	48.39	48.46	48.44	48.43		
	Rock	16.58	16.61	16.61	16.60	48.56	48.57	48.59	48.57		
CR-08	Rock	10.94	10.95	10.9	10.93	—	—	—	48.54	102.52	48.52
	Coal	80.29	80.24	80.23	80.25	48.42	48.49	48.45	48.45		
	Rock	11.32	11.41	11.29	11.34	—	—	—	48.57		
Coal-0		101.0	101.3	101.2	101.2	47.98	47.97	48.04	48.00	101.2	48.00
Rock-0		99.46	99.47	99.38	99.44	49.53	49.54	49.44	49.50	99.44	49.50

　　煤体试件和砂岩试件组合方式为两高度相同的砂岩试件中间夹一煤体试件。煤体试件的厚度变化范围为 11.32~80.36 mm,砂岩试件的高度变化范围为 11.29~45.86 mm。煤与砂岩试件界面涂一层薄的硅酮胶用以黏结煤岩体试件,制作了两组煤岩组合体试件。A 组煤岩组合体试件的平均高度为 100.98 mm,B 组煤岩组合体试件的平均高度为 101.27 mm。其中,煤岩体高度比逐渐变化,研究不同高度比条件下的煤岩组合体试件变形和强度特征。采用

图 2-42 B煤岩组合体试件

力控加载方式,加载速率为 0.5 kN/s,直至试件破坏。经过单轴加载,得到 A 组和 B 组煤岩组合体试件的强度,见表 2-11;煤岩体的强度与煤岩高度比之间的关系如图 2-43 所示。

表 2-11 砂岩试件单轴抗拉强度

A 组试件	CR-01	CR-02	CR-03	CR-04	CR-05	CR-06	CR-07	CR-08
煤岩高度比	0.12	0.24	0.44	0.67	0.98	1.49	2.10	3.56
单轴强度/MPa	20.30	14.01	17.314	29.91	20.35	20.63	49.85	16.53
B 组试件	CR-01	CR-02	CR-03	CR-04	CR-05	CR-06	CR-07	CR-08
煤岩高度比	0.12	0.25	0.43	0.67	0.99	1.54	1.95	3.61
单轴强度/MPa	22.86	17.65	16.76	20.92	21.25	22.85	34.21	25.36

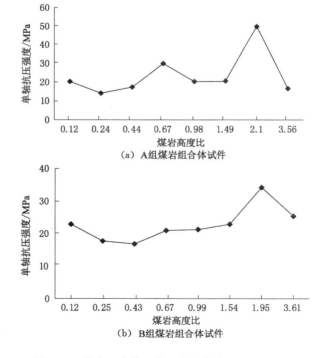

（a）A组煤岩组合体试件

（b）B组煤岩组合体试件

图 2-43 煤岩组合体试件强度与高度比之间的关系

　　由图 2-43 可以看出,煤岩体组合体的强度与煤岩高度比之间具有一定相关性,当煤岩高度比小于 0.67 时,A、B 两组试件的单轴抗压强度均较小。煤岩高度比在 0.67～1.95 时,组合体试件强度较为稳定。煤岩高度比约为 2 时,组合体试件的强度达到最大,当煤岩高度比超过 2 之后试件强度有所下降。这说明不同介质的组合体试件强度与试件的高度比具有一定的相关性,即煤岩体试件抗压强度具有尺寸效应。在单轴加载条件下,煤岩组合体试件的破坏形态如图 2-44 所示。

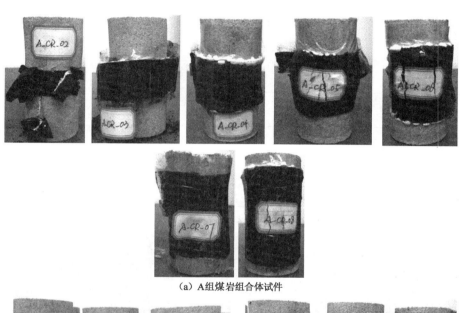

(a) A组煤岩组合体试件

(b) B组煤岩组合体试件

图 2-44　煤岩组合体试件破坏后的形态

　　从两组组合体试件破坏后的形态来看,在煤体试件高度较小时,即煤岩高度比小于 2 时,组合体试件均以煤体受压鼓出破坏为主;当煤体试件高度等于 2 时,组合体试件既有煤体部分的破坏,也有砂岩试件的破坏,如 A 组的 A-CR-07 试件和 B 组的 B-CR-07 试件。当煤体试件高度比大于 2 时,试件又以煤体试件破坏为主,砂岩试件破坏较小。

2.5.3 煤岩组合冲击加载测试

在深部矿井中,矿震、冲击地压等现象时有发生[126]。这些都是岩石在高应变率条件下的力学现象。因此,研究冲击载荷作用下的岩石力学特性具有重要的实际意义。本试验拟采用霍普金森压杆试验系统(SHPB),该设备主要包括:动力系统、载荷传递系统、测速系统和应变测量系统,具体结构如图 2-45 所示。

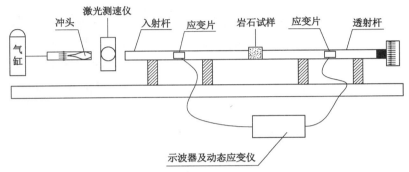

（a）SHPB试验装置结构简图

（b）SHPB试验装置结构

图 2-45　SHPB 试验装置主要系统结构

在一定的气压作用下,使冲头与输入杆进行对心撞击,在入射杆端部产生弹性入射波,该入射波的传播速度为 $C_e = \sqrt{E_e/\rho_e}$。其中,C_e 为入射波波速,m/s;E_e 为入射杆弹性模量,GPa;ρ_e 为入射杆密度,kg/m³;经过时间 L_e/C_e(L_e 为入射杆长度,m)后传到入射杆与试样的界面 A_1 处,由于入射杆与试样的波阻不同,入射波发生反射和透射,产生反射波 1 和透射波 1。透射波继续传播至试样另一端与透射杆的界面 A_2 处,同样产生反射波 2 和透射波 2。应力波在岩样中往返一次的时间为 $2L_s/C_s$(L_s 为试样中长度,m;C_s 为岩样中的一维应力波速,m/s)。经过几次应力波的反射和透射之后,岩样端面上的应力和应变趋于均匀,通过瞬态波形存储器将入射波应力、反射波应力和透射波应力记录下来,从而获得试样的强度等参数。该试验系统的入射杆和透射杆采用的是 40Cr 合金钢,其弹性模量 $E_e = 200$ GPa,杆径均为 50 mm,入射杆和透射杆的长度均为 2.0 m。SHPB 冲击试验需要两个基本假定,一个是一维假定,另一个是均匀性假定。在满足这两项假设的基础上,则:

$$\varepsilon_t = \varepsilon_i + \varepsilon_r \tag{2-8}$$

$$\dot{\varepsilon}(t) = -\frac{2C_e 0}{L_s}\varepsilon_r(t) \tag{2-9}$$

$$\varepsilon(t) = -\frac{2C_e}{L_s}\int_0^t \varepsilon_r(t')\,\mathrm{d}t' \tag{2-10}$$

$$\sigma(t) = -\frac{A_e}{A_s}E_e\varepsilon(t) \tag{2-11}$$

式中，ε_t 为透射波；ε_i 为入射波；ε_r 为反射波；$\dot{\varepsilon}(t)$、$\varepsilon(t)$ 和 $\sigma(t)$ 分别为试样材料的应变率函数、应变函数和应力函数；t 表示时间，s；A_s 为试件的横截面积，mm^2；L_s 为试件的长度，m；A_e 为入射杆和透射杆的横截面积，mm^2。

本次试验采用煤岩体组合体试件，煤体部分采用煤粉、水泥、沙子和石膏等材料配制成不同厚度组合的煤岩组合体试样进行冲击试验。单一混凝土试件的强度约为 20 MPa，单一煤体强度约为 8 MPa，岩/煤强度比为 2.5。每个组合体试件的尺寸均为：50 mm×50 mm，其中岩高/煤高分别为：0/5、1/4、2/3、2.5/2.5、3/2、4/1 和 5/0，如图 2-46 所示。

图 2-46　煤岩组合体试件

选取规格较好的试件，将试件两端磨平，要求端面平行度和轴向垂直度均小于 0.02 mm，将试件两端均匀涂抹黄油后置于入射杆和透射杆之间，选定好冲击气压和确定冲头位置之后对每组组合体试件进行纯动态冲击试验，重复进行 3～5 组试验。经过试验选取具有代表性的煤岩组合体试件的破坏形态如图 2-47 所示。

（a）类岩体试件　　　（b）全煤试件　　　（c）煤/岩1-4　　　（d）煤/岩4-3

（e）煤/岩2.5-2.5　　　　　（f）煤/岩3-2　　　　　（g）煤/岩4-1

图 2-47　煤岩体试件冲击破坏形态

由图 2-47 可以看出,在煤岩高度比较小时,试件的破坏以煤体部分的粉碎性破坏为主,岩体部分开裂,在煤岩交界处变形明显不协调,往往煤体部分全部破坏而岩体部分仅局部损伤。随着煤岩厚度比的增大,试件的破坏呈现出块裂现象,且岩体部分与煤体部分协同一致破坏,分界面没有明显的开裂。这说明煤岩组合体的破坏特征受到尺寸的影响较大。

对标准尺寸煤体试件和类岩体试件进行准静载条件下的单轴加载试验,获得强度曲线如下图所示(煤体试件和类岩体试件均取 3 个试件的平均值)。

由图 2-48 可以看出,煤体试件的强度远比岩体试件的强度小得多,煤体试件的平均强度为 6.39 MPa,而类岩体试件的平均强度为 36.28 MPa。煤体试件在加载过程中的强度呈正态分布,而类岩体试件的强度特征与普通岩石的强度曲线类似,在试件达到峰值强度之前具有减速变形阶段、等速变形阶段和加速变形阶段,在峰值强度之后具有残余强度阶段,说明该类岩石材料可以替代强度相近的岩石材料进行煤岩组合体试件的制作。冲击过程中各试件的波形如图 2-49 所示。

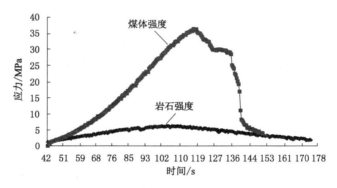

图 2-48　煤岩组合体试件强度曲线

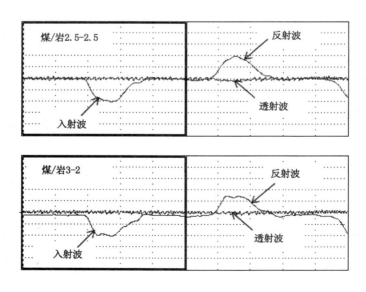

图 2-49　冲击加载下试件的波形图

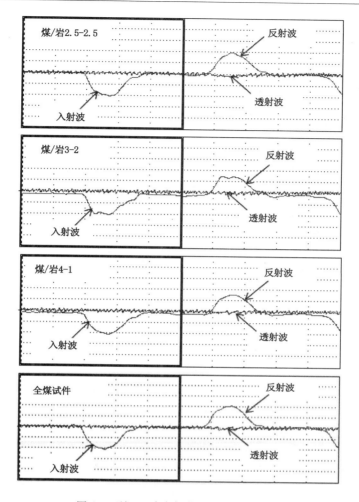

图 2-49(续)　冲击加载下试件的波形图

由图 2-49 可以看出,类岩体试件和不同厚度比的煤岩组合体试件的应力波形态基本相同,其强度也近似满足均质条件,从而计算出各个试件的强度曲线,如图 2-50 所示。

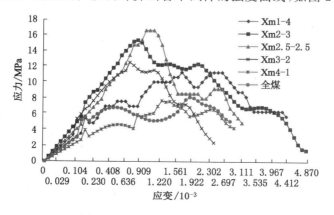

图 2-50　各类岩体试件强度曲线

由图 2-50 可以看出,煤体试件的强度曲线与煤岩组合体试件的强度曲线较为相似,最大峰值强度均较小。而类岩体试件的强度曲线与单轴准静载压缩条件下的强度曲线相似。但从峰值强度来看,无论是煤体试件还是类岩体试件,在准静载条件下的强度均比冲击载荷条件下的强度要小。

2.6 本章小结

通过对砂岩和煤体试件在不同扰动条件的试验可以得到如下几点结论:

(1)根据不同的加载速率条件下砂岩试件的单轴加载和劈裂试验可以看出,试件的破坏形态仅与试件的加载方式有关,与加载速率关系不大,但加载速率对试件的强度有影响。应力加载速率与单轴抗压强度和抗拉强度之间均表现为幂函数关系。应力的加载速率越大,试件在加载初期的损伤程度较大,试件的单轴抗压强度和抗拉强度也越大;加载速率越小,试件在加载过程中损伤逐渐累积,试件的单轴抗压强度和抗拉强度越小。深部低速率高应力环境是造成岩体强度弱化的重要原因之一。

(2)试件内部结构的连续性和围压是影响煤/岩体强度的重要因素。试件内部连续性越好其强度越高。试件的强度随着围压的增加而近似线性增加,即使试件内部连续性较差,但在一定围压条件下,煤/岩体试件也具有较高的强度。在高围压状态下,试件砂岩试件由脆性破坏变向延性破坏,破坏形态会发生变化。

(3)在较高的围压条件下(30 MPa)施加一定的轴压,然后卸载围压后发现施加 70% 和 65% 峰值轴压的试件产生单一剪切滑移面,60%(含)以下峰值轴压试件没有产生破裂面。对没有破坏的试件进行单轴加载和声发射监测发现施加了较大峰值轴压的试件,产生较大的初始损伤,其单轴抗压强度较小。三轴加载-卸围压-单轴加载试件的最终破坏形态与应力加载历史无关而与最终的应力加载形式有关。但是,应力加载历史对试件的强度影响较大,试件在相同的围压条件下受到较高的轴压作用后会产生较大的损伤,从而导致试件最终强度的降低。

(4)通过煤体试件的单轴、三轴及劈裂试验结果可以看出,在单轴加载过程中均以崩裂破坏为主,具有较高的岩爆倾向性。声波探测结果发现:煤体试件纵波波速与试件高度没有太大的相关性,煤体试件内部结构复杂,且连续性较差。

(5)煤岩组合体试件的单轴破断试验结果表明,组合体试件的强度决定于强度较小的介质,而介质的强度与试件的高度有关。煤体试件高度越小其强度越低,在煤体高度较小时,组合体试件始终是以煤体的压裂挤出破坏为主。当煤体高度增加到一定程度后,组合体受压时开始出现煤体与岩体同时破坏的现象。同时,两组煤岩组合体试件的强度与煤/岩高度表现出相同的变化规律,说明煤岩组合体试件在破坏形态和强度上均具有尺寸效应。此外,在冲击载荷作用下煤岩组合体试件仍具有尺寸效应。

3 深部动压巷道围岩应力场分布演化规律

深部岩体原位状态的复杂性造成围岩扰动响应特征的多变性和不确定性,深部岩体在动压影响下的弱化特征与深部岩体系统的应力场密切相关。深部岩体系统的应力场在空间上包括巷道局部应力场和采场整体应力场两个方面,下面就深部回采巷道的局部应力场和整体应力场的分布及其演化规律进行深入分析。

3.1 深部采动巷道局部应力场弹性分析

深部动压巷道围岩弱化规律与巷道周边的局部应力场演化密切相关,是导致巷道围岩变形破坏的直接原因。巷道开挖和工作面回采引起岩体中应力的卸载和集中是造成动压巷道围岩的局部破坏到整体失稳的主要原因。因此,有必要对深部巷道周边局部应力场及其演化规律进行深入分析。深部巷道周边应力场的求解问题可视为无限大平面中的孔口问题,通常采用复变函数的方法进行求解。

3.1.1 巷道周边应力场的复变函数分析

在弹性力学的平面问题里,如果考虑体力为常量,应力函数 U 总可以用复变函数的两个解析函数 $\varphi_1(z)$ 和 $\psi_1(z)$ 来表示。经过变换,得到用复变函数表示平面问题的应力和位移,即克罗索夫公式[127]:

$$\sigma_y + \sigma_x = 2[\varphi'_1(z) + \overline{\varphi'_1(z)}] = 4\mathrm{Re}\varphi'_1(z) \tag{3-1}$$

$$\sigma_y - \sigma_x + 2\mathrm{i}\tau_{xy} = 2[\overline{z}\varphi''_1(z) + \psi'_1(z)] \tag{3-2}$$

$$\frac{E}{1+\mu}(u+\mathrm{i}v) = \frac{3-\mu}{1+\mu}\varphi_1(z) - z\overline{\varphi'_1(z)} - \overline{\psi_1(z)} \tag{3-3}$$

式中,σ_x 和 σ_y 分别为两个相互垂直方向的主应力;Re 为复变函数的实部;$\varphi_1(z)$ 和 $\psi_1(z)$ 为两个解析的复变函数;E 为弹性模量;μ 为泊松比。

可以看出,只需要求出复变函数 $\varphi_1(z)$ 和 $\psi_1(z)$,并将其代入式(3-3)和式(3-2)再结合式(3-1),将实部和虚部分开,便能得出应力和位移的表达式。其中,式(3-3)为平面应力条件下位移表达式,将 E 变为 $E/(1-\mu^2)$、μ 变为 $\mu/(1+\mu)$,便得到平面应变条件下的表达式。

根据应力和位移边界条件得到平面应力情况下应力边界条件和位移边界条件的复变函数[128],即:

$$\left[\varphi_1(z) + z\overline{\varphi'_1(z)} + \overline{\psi_1(z)}\right]_s = \mathrm{i}\int(\overline{f_x} + \mathrm{i}\,\overline{f_y})\mathrm{d}s \tag{3-4}$$

$$\left[\frac{3-\mu}{1+\mu}\varphi_1(z) - z\overline{\varphi'_1(z)} + \overline{\psi_1(z)}\right]_s = \frac{E}{1+\mu}(\overline{u} + \mathrm{i}\overline{v}) \tag{3-5}$$

式中,$\overline{f_x} + \mathrm{i}\,\overline{f_y}$ 为边界面力矢量;$\overline{u} + \mathrm{i}\overline{v}$ 为边界位移矢量。

深部巷道的力学模型可看作无限大平面的孔口问题,而孔口问题属于多连体问题,要寻找合适的复变函数才能保证应力和位移单值。在工程实践中,巷道或硐室的解析函数如下:

$$\varphi_1(z) = -\frac{1+\mu}{8\pi}(\overline{F}_x + i\overline{F}_y)\ln z + Bz + \varphi_1^0(z)$$

$$\psi_1(z) = \frac{3-\mu}{8\pi}(\overline{F}_x - i\overline{F}_y)\ln z + (B' + iC')z + \psi_1^0(z)$$

(3-6)

式中,$\overline{F}_x$ 和 $\overline{F}_y$ 为内边界上 x 和 y 方向的面力;B、B' 和 C' 为常数,与远场应力有关。

$$B = \frac{\sigma_x^\infty + \sigma_y^\infty}{4}, B' = \frac{\sigma_x^\infty - \sigma_y^\infty}{4}, C' = \tau_{xy}^\infty, B' + iC' = -\frac{1}{2}(\sigma_x^\infty - \sigma_y^\infty)e^{-2i\alpha}$$

(3-7)

式中,α 为主应力与 x 轴的夹角,即主应力的方向。

对无限大弹性体的单孔口问题的复变函数解法主要是通过采用保角变换来实现,把弹性体在 z 复平面上所占的区域变换成为 $w(\zeta)$ 平面上的"中心单位圆"[即圆心在 $w(\zeta)$ 平面坐标原点 $\zeta=0$,而半径等于1]的内部,孔口边界变换为单位圆周界,无穷远处与单位圆的圆心对应,如图3-1所示。

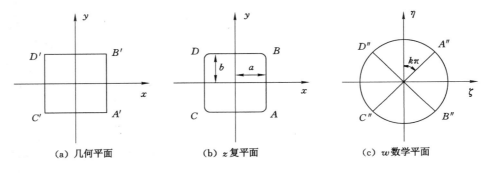

(a) 几何平面   (b) z 复平面   (c) w 数学平面

图 3-1 映射关系图

Laurent 级数形式的变换式如下[129]:

$$z = w(\zeta) = R\left(\frac{1}{\zeta} + c_0 + c_1\zeta + c_2\zeta^2 + \cdots + c_n\zeta^n\right) = R\left(\frac{1}{\zeta} + \sum_{k=0}^n c_k\zeta^k\right)$$

(3-8)

式中,n 为正实数;R 为与孔口大小有关的系数;c_k 为实数。

一般情况下,取前面几项就能得到足够精确的结果。经过变换,式(3-6)中的两个解析函数分别为:

$$\varphi(\zeta) = \frac{1+\mu}{8\pi}(\overline{F}_x + i\overline{F}_y)\ln \zeta + Bw(\zeta) + \varphi_0(\zeta)$$

(3-9)

$$\psi(\zeta) = -\frac{3-\mu}{8\pi}(\overline{F}_x - i\overline{F}_y)\ln \zeta + (B' + iC')w(\zeta) + \psi_0(\zeta)$$

(3-10)

式中,$\overline{F}_x$ 和 $\overline{F}_y$ 分别为孔口内边界上沿 x 和 y 方向的面力。

$\varphi_0(\zeta)$ 和 $\psi_0(\zeta)$ 的表达式:

$$\varphi_0(\zeta) = \sum_{k=1}^\infty \alpha_k\zeta^k$$

(3-11)

$$\psi_0(\zeta) = \sum_{k=1}^\infty \beta_k\zeta^k$$

(3-12)

假定弹性体的全部边界都是应力边界，$\varphi_1(z)$ 和 $\psi_1(z)$ 在弹性体边界上必须满足式应力边界条件，即式(3-4)。若弹性体的全部边界都是位移边界，则 $\varphi_1(z)$ 和 $\psi_1(z)$ 在弹性体边界上必须满足位移边界条件，即式(3-5)。现以应力边界为例进行分析，可根据保角变换原理将 z 的函数变换为 ζ 的函数，其中一些重要的变换公式如下：

$$\begin{cases} \varphi(\zeta) = \varphi_1(z) = \varphi_1[w(\zeta)] \\ \psi(\zeta) = \psi_1(z) = \psi_1[w(\zeta)] \end{cases} \tag{3-13}$$

$$\begin{cases} \Phi(\zeta) = \varphi'_1(z) = \varphi'(\zeta)/w'(\zeta) \\ \Psi(\zeta) = \psi'_1(z) = \psi'(\zeta)/w'(\zeta) \\ \Phi'(\zeta) = \varphi''_1(z) \cdot w'(\zeta) \end{cases} \tag{3-14}$$

根据式(3-14)、式(3-15)以及 $z = w(\zeta)$，可得 z 复平面上曲线坐标 $\rho\text{-}\theta$ 表示的克罗索夫公式如下：

$$\sigma_\rho + \sigma_\theta = 2[\varphi'_1(z) + \overline{\varphi'_1(z)}] = 4\mathrm{Re}\Phi(\zeta) \tag{3-15}$$

$$\sigma_\rho - \sigma_\theta + 2\mathrm{i}\tau_{\rho\theta} = \frac{2\zeta^2}{\rho^2\,\overline{w'(\zeta)}}[\overline{w(\zeta)}\Phi'(\zeta) + w'(\zeta)\Psi(\zeta)] \tag{3-16}$$

位移边界条件和应力边界条件分别为：

$$\frac{E}{1+\mu}(u_\rho + \mathrm{i}u_\theta) = \frac{\overline{\zeta}}{\rho}\frac{\overline{w'(\zeta)}}{|w'(\zeta)|}\left[\frac{3-\mu}{1+\mu}\varphi(\zeta) - \frac{w(\zeta)}{\overline{w'(\zeta)}}\overline{\varphi'(\zeta)} - \overline{\psi(\zeta)}\right] \tag{3-17}$$

$$\mathrm{i}\int(\overline{f_x} + \mathrm{i}\overline{f_y})\mathrm{d}s = \left[\varphi(\zeta) + \frac{w(\zeta)}{\overline{w'(\zeta)}}\overline{\varphi'(\zeta)} + \overline{\psi(\zeta)}\right]_s \tag{3-18}$$

在孔口边界上应用柯西积分公式，可得：

$$\varphi_0(\zeta) + \frac{1}{2\pi\mathrm{i}}\int_\sigma \frac{w(\sigma)}{\overline{w'(\sigma)}}\frac{\overline{\varphi'_0(\sigma)}}{\sigma-\zeta}\mathrm{d}\sigma = \frac{1}{2\pi\mathrm{i}}\int_\sigma \frac{f_0}{\sigma-\zeta}\mathrm{d}\sigma \tag{3-19}$$

$$\psi_0(\zeta) + \frac{1}{2\pi\mathrm{i}}\int_\sigma \frac{\overline{w(\sigma)}}{w'(\sigma)}\frac{\varphi'_0(\sigma)}{\sigma-\zeta}\mathrm{d}\sigma = \frac{1}{2\pi\mathrm{i}}\int_\sigma \frac{\overline{f_0}}{\sigma-\zeta}\mathrm{d}\sigma \tag{3-20}$$

对于一般的无限大平面孔口问题，首先根据变换式(3-8)得到 $w(\sigma)$。接着将 $w(\sigma)$ 和式(3-11)代入式(3-19)得到 $\varphi_0(\zeta)$ 及其导数，代入式(3-20)得 $\psi_0(\zeta)$，根据式(3-9)和式(3-10)求得 $\varphi(\zeta)$ 和 $\psi(\zeta)$。最后，将 $\varphi(\zeta)$ 和 $\psi(\zeta)$ 代入式(3-14)得到 $\Phi(\zeta)$ 和 $\Psi(\zeta)$，从而根据式(3-15)、式(3-16)求得应力分量。

3.1.2　不同形状巷道围岩应力弹性分析

一般情况下，深部回采巷道断面形状以矩形和近似矩形断面为主，但也不排除其他断面形式的回采巷道如圆形、椭圆形、矩形、梯形、直墙拱形(包括半圆拱和三心拱)等。不同的断面形状对巷道初始应力场分布具有较大的影响，根据不同形状巷道断面的演化规律(见后面的分析)可知，圆形、椭圆形、正方形和矩形巷道在巷道断面的演化过程中是最典型的断面。因此，基于复变函数理论对这些典型巷道断面周边的应力场分布进行分析。

3.1.2.1　椭圆形、圆形巷道应力弹性分析

为了便于分析，将巷道断面简化为平面应变条件下椭圆形孔口问题进行求解，不考虑岩体的自重，如图3-2所示。

椭圆形巷道变换式可取为[128]：

$$z = w(\zeta) = R\left(\frac{1}{\zeta} + c_1\zeta\right) \tag{3-21}$$

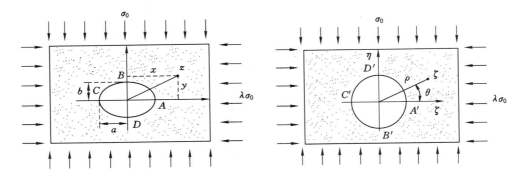

图 3-2   椭圆巷道及其映射单位圆力学模型

其中，$R = (a+b)/2$，$c_1 = (a-b)/(a+b)$。

根据式（3-21）及 $\rho = 1$，$\zeta = \sigma$，$\bar{\sigma} = \dfrac{1}{\sigma}$ 可得变换式：

$$\begin{cases} w(\sigma) = R\left(\dfrac{1}{\sigma} + c_1\sigma\right), \overline{w(\sigma)} = R\left(\sigma + \dfrac{c_1}{\sigma}\right) \\[2mm] w'(\sigma) = R\left(c_1 - \dfrac{1}{\sigma^2}\right), \overline{w'(\sigma)} = R(c_1 - \sigma^2) \\[2mm] \dfrac{w(\sigma)}{w'(\sigma)} = -\dfrac{1}{\sigma}\dfrac{c_1\sigma^2 + 1}{\sigma^2 - c_1}, \dfrac{\overline{w(\sigma)}}{\overline{w'(\sigma)}} = \sigma\dfrac{\sigma^2 + c_1}{c_1\sigma^2 - 1} \end{cases} \tag{3-22}$$

根据边界条件，有：

$$B = \frac{(1+\lambda)\sigma_0}{4}, B' + iC' = \frac{(\lambda-1)\sigma_0}{2}e^{-2i\alpha}, B' - iC' = \frac{(\lambda-1)\sigma_0}{2}e^{2i\alpha} \tag{3-23}$$

在无支护条件下，有：

$$\begin{cases} f_0 = -2Bw(\sigma) - (B' - iC')\overline{w(\sigma)} \\[2mm] \overline{f_0} = -2B\overline{w(\sigma)} - (B' - iC')w(\sigma) \end{cases} \tag{3-24}$$

展开后：

$$\begin{cases} f_0 = -\dfrac{(1+\lambda)R\sigma_0}{2}\left(\dfrac{1}{\sigma} + c_1\sigma\right) - \dfrac{(\lambda-1)R\sigma_0}{2}\left(\sigma + \dfrac{c_1}{\sigma}\right)e^{2i\alpha} \\[2mm] \overline{f_0} = -\dfrac{(1+\lambda)R\sigma_0}{2}\left(\dfrac{c_1}{\sigma} + \sigma\right) - \dfrac{(\lambda-1)R\sigma_0}{2}\left(\dfrac{1}{\sigma} + c_1\sigma\right)e^{2i\alpha} \end{cases} \tag{3-25}$$

将式（3-11）代入式（3-19），并考虑到 $-\dfrac{1}{\zeta}\dfrac{c_1\zeta^2 + 1}{\zeta^2 - c_1}\left(\overline{\alpha_1} + \dfrac{2\overline{\alpha_2}}{\zeta} + \dfrac{3\overline{\alpha_3}}{\zeta} + \cdots\right)$ 在单位圆之外解析且在圆外和圆周上连续，则：

$$\begin{aligned} \varphi_0(\zeta) &= \frac{1}{2\pi i}\int_\sigma \frac{f_0 d\sigma}{\sigma - \zeta} \\ &= -\frac{(1+\lambda)\sigma_0}{2}Rc_1\zeta + \frac{(1-\lambda)\sigma_0}{2}e^{2i\alpha}R\zeta = -\frac{R\sigma_0\zeta}{2}\left[c_1(1+\lambda) - (1-\lambda)e^{2i\alpha}\right] \end{aligned} \tag{3-26}$$

$$\varphi'_0(\zeta) = -\frac{R\sigma_0}{2}\left[c_1(1+\lambda) - (1-\lambda)e^{2i\alpha}\right] \tag{3-27}$$

根据式（3-20），且考虑到 $\zeta\dfrac{\zeta^2 + c_1}{c_1\zeta^2 - 1}(\alpha_1 + 2\alpha_2\zeta + 3\alpha_3\zeta + \cdots)$ 在单位圆之内解析且在圆

内和圆周上连续,则:

$$\psi_0(\zeta) = \frac{1}{2\pi i}\int_\sigma \frac{\overline{f_0}\,d\sigma}{\sigma-\zeta} - \zeta\frac{\zeta^2+c_1}{c_1\zeta^2-1}\varphi'_0(\sigma) = -\frac{R\sigma_0}{2}\left\{[(1+\lambda)-c_1(1-\lambda)e^{2i\alpha}]\zeta + \right.$$

$$\left. [c_1(1+\lambda)-(1-\lambda)e^{2i\alpha}]\frac{\zeta^2+c_1}{c_1\zeta^2-1}\zeta\right\} \tag{3-28}$$

将式(3-26)、式(3-28)分别代入式(3-9)和式(3-10),注意孔口没有外力作用:

$$\begin{cases} \varphi(\zeta) = \dfrac{(1+\lambda)R\sigma_0}{4}\left(\dfrac{1}{\zeta}+c_1\zeta\right) - \dfrac{R\sigma_0\zeta}{2}[c_1(1+\lambda)-(1-\lambda)e^{2i\alpha}] \\[3mm] \psi(\zeta) = \dfrac{(\lambda-1)R\sigma_0}{2}\left(\dfrac{1}{\zeta}+c_1\zeta\right)e^{-2i\alpha} - \dfrac{R\sigma_0}{2}\left\{[(1+\lambda)-c_1(1-\lambda)e^{2i\alpha}]\zeta + \right. \\[3mm] \left. \qquad\qquad [c_1(1+\lambda)-(1-\lambda)e^{2i\alpha}]\dfrac{\zeta^2+c_1}{c_1\zeta^2-1}\zeta\right\} \end{cases} \tag{3-29}$$

$$\begin{cases} \varphi'(\zeta) = \dfrac{(1+\lambda)R\sigma_0}{4}\left(c_1-\dfrac{1}{\zeta^2}\right) - \dfrac{R\sigma_0}{2}[c_1(1+\lambda)-(1-\lambda)e^{2i\alpha}] \\[3mm] \psi'(\zeta) = \dfrac{(\lambda-1)R\sigma_0}{2}\left(c_1-\dfrac{1}{\zeta^2}\right)e^{-2i\alpha} - \dfrac{R\sigma_0}{2}\left\{[(1+\lambda)-c_1(1-\lambda)e^{2i\alpha}] + \right. \\[3mm] \left. \qquad\qquad [c_1(1+\lambda)-(1-\lambda)e^{2i\alpha}]\dfrac{c_1\zeta^4-c_1^2\zeta^2-3\zeta^2-c_1}{(c_1\zeta^2-1)^2}\right\} \end{cases}$$

由式(3-22)及 $\overline{\zeta}=\dfrac{\rho^2}{\zeta}$ 可得:

$$\begin{cases} w(\zeta) = R\left(\dfrac{1}{\zeta}+c_1\zeta\right),\ \overline{w(\zeta)} = R\left(\dfrac{\zeta}{\rho^2}+c_1\dfrac{\rho^2}{\zeta}\right) \\[3mm] w'(\zeta) = R\left(c_1-\dfrac{1}{\zeta^2}\right),\ \overline{w'(\zeta)} = R\left(c_1-\dfrac{\zeta^2}{\rho^4}\right) \end{cases} \tag{3-30}$$

则有:

$$\Phi(\zeta) = \frac{\varphi'(\zeta)}{w'(\zeta)} = \frac{\sigma_0}{4}\left[\frac{[2(1-\lambda)e^{2i\alpha}-c_1(1+\lambda)]\zeta^2-(1+\lambda)}{c_1\zeta^2-1}\right] \tag{3-31}$$

$$\Phi'(\zeta) = \sigma_0\frac{c_1(1+\lambda)-(1-\lambda)e^{2i\alpha}}{(c_1\zeta^2-1)^2}\zeta \tag{3-32}$$

$$\Psi(\zeta) = \frac{\psi'(\zeta)}{w'(\zeta)}$$

$$= \frac{(\lambda-1)\sigma_0}{2}e^{-2i\alpha} - \frac{\sigma_0\zeta^2}{2(c_1\zeta^2-1)}\left\{[(1+\lambda)-c_1(1-\lambda)e^{2i\alpha}] + \right.$$

$$\left. [c_1(1+\lambda)-(1-\lambda)e^{2i\alpha}]\frac{c_1\zeta^4-c_1^2\zeta^2-3\zeta^2-c_1}{(c_1\zeta^2-1)^2}\right\} \tag{3-33}$$

代入式(3-15)和式(3-16),考虑到 $e^{2i\alpha}=\cos(2\alpha)+i\sin(2\alpha)$,$e^{2i\theta}=\cos(2\theta)+i\sin(2\theta)$,则应力分量的表达式:

$$\sigma_\rho + \sigma_\theta = 4\text{Re}\Phi(\zeta) = \sigma_0\frac{2(1-\lambda)[c_1\cos(2\alpha)-\cos 2(\alpha+\theta)]-(1+\lambda)(c_1^2-1)}{[c_1-\cos(2\theta)]^2+\sin^2(2\theta)} \tag{3-34}$$

$$\sigma_\rho - \sigma_\theta + 2i\tau_{\rho\theta} = \frac{2c_1\sigma_0\left(\zeta^2 + c_1\rho^4\right)\left[(1+\lambda) - (1-\lambda)\right]\zeta^2}{(c_1\rho^4 - \zeta^2)(c_1\zeta^2 - 1)^2}e^{2i\alpha} +$$

$$\frac{\rho^2\sigma_0(\lambda-1)(c_1\zeta^2-1)}{c_1\rho^4-\zeta^2}e^{-2i\alpha} - \frac{\sigma_0\rho^2\zeta^2}{c_1\rho^4-\zeta^2}\left\{\left[(1+\lambda) - c_1(1-\lambda)e^{2i\alpha}\right] +\right.$$

$$\left. \left[c_1(1+\lambda) - (1-\lambda)e^{2i\alpha}\right]\frac{c_1\zeta^4 - (c_1^2+3)\zeta^2 - c_1}{(c_1\zeta^2-1)^2}\right\} \tag{3-35}$$

根据椭圆形巷道不同的轴比 a/b 可确定 c_1、c_3 和 R 值,从而确定椭圆形巷道的变换式,由式(3-21)~式(3-35)可以得到不同侧压系数条件下椭圆形极坐标下局部应力场的弹性解。利用数值计算得到不同的侧压下椭圆巷道周边最大主应力的分布情况,如图 3-3 所示。

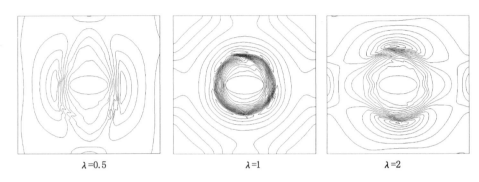

λ=0.5   λ=1   λ=2

图 3-3 椭圆形巷道周边最大主应力分布

根据图 3-3 可以看出,当 $\lambda=0.5$ 时,椭圆形巷道周边最大主应力在巷道两边集中。当 $\lambda=1$ 时,最大主应力在椭圆形巷道周边均匀分布;当 $\lambda=2$ 时,最大主应力在椭圆形巷道顶、底集中。

深部圆形巷道是椭圆形巷的一种特殊情况,应力场的复变函数解[变换式: $z=w(\zeta)=R/\zeta$]与经典的弹性理论解相同,其应力场的弹性解如下:

$$\begin{cases} \sigma_\rho = \dfrac{\sigma_0}{2}(1+\lambda)\left(1 - \dfrac{\rho_0^2}{\rho_1^2}\right) - \dfrac{\sigma_0}{2}(1-\lambda)\left(1 - 4\dfrac{\rho_0^2}{\rho_1^2} + 3\dfrac{\rho_0^4}{\rho_1^4}\right)\cos(2\theta) \\[2mm] \sigma_\theta = \dfrac{\sigma_0}{2}(1+\lambda)\left(1 + \dfrac{\rho_0^2}{\rho_1^2}\right) + \dfrac{\sigma_0}{2}(1-\lambda)\left(1 + 3\dfrac{\rho_0^4}{\rho_1^4}\right)\cos(2\theta) \\[2mm] \tau_{\rho\theta} = \dfrac{\sigma_0}{2}(\lambda-1)\left(1 + 2\dfrac{\rho_0^2}{\rho_1^2} - 3\dfrac{\rho_0^4}{\rho_1^4}\right)\sin(2\theta) \end{cases} \tag{3-36}$$

式中,σ_ρ 为径向应力;σ_θ 为环向应力;$\tau_{\rho\theta}$ 为剪应力;$\sigma_0 = \gamma H$ 为巷道垂直应力;λ 为侧压系数;ρ_0 为巷道端面半径;ρ_1 为巷道围岩中任一点距离巷道中心的距离;θ 为极角。作为算例,取直径为 2 m 的圆形巷道,埋深 $H=1\,000$ m,上覆岩层平均容重 $\gamma=20$ kN/m³。当 $\lambda=1$ 时,圆形巷道径向应力和切向应力的变化如图 3-4 所示。

由图 3-4 可以看出,圆形巷道周边径向应力随着岩体深度的增加而增加,而环向应力随着岩体深度的增加而减小。侧压系数 $\lambda=1$ 是一个分界点,侧压系数分别为 $\lambda=0$ 和 $\lambda=2$ 时,圆形巷道周边不同深度岩体中的($r_1=2$ m、3 m、4 m、5 m 和 6 m)径向应力 σ_ρ、切向应力 σ_θ 以及剪应力 $\tau_{\rho\theta}$ 的变化如图 3-5 所示。

由图 3-5 可以看出,在同一倾角面上,圆形巷道周边的径向应力随围岩深度的增加而增

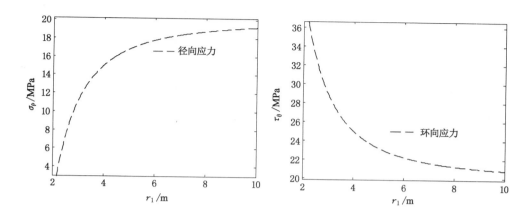

图 3-4 圆形巷道应力分布规律

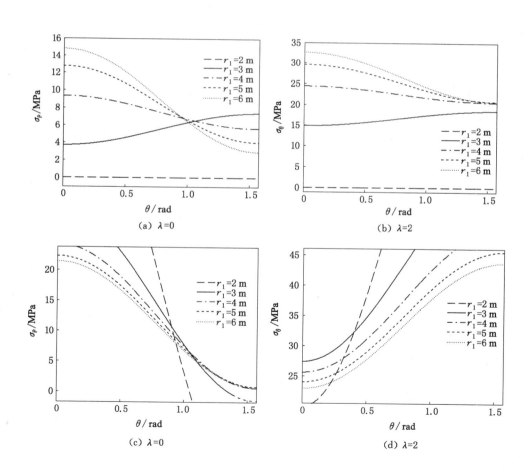

图 3-5 不同侧压系数圆形对巷道应力的影响

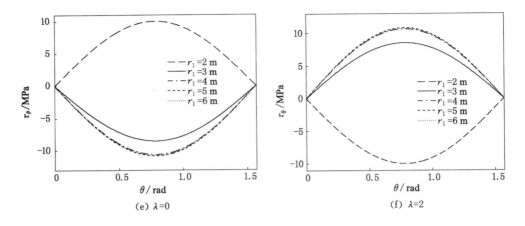

图 3-5(续)　不同侧压系数圆形对巷道应力的影响

加,环向应力随围岩深度的增加而减小,在靠近巷道表面区域这种增加或减小的幅度越大。在同一深度的围岩中(r_1 相同),圆形巷道周边围岩中的应力随倾角 θ 的增大(0°～90°)巷道浅部($r_1 = 3$ m)的径向应力随着 θ 的增大而逐渐增大,而巷道深部($r_1 = 4$ m、5 m、6 m)围岩的径向应力随着 θ 的增大而减小。当侧压系数为 0 时,巷道环向应力随倾角 θ 的增大而减小;当侧压系数为 2 时,巷道环向应力随倾角 θ 的增大而增大。巷道围岩中的剪切应力在 $\theta = 45°$ 时剪切应力最大,两个主应力(最大和最小主应力)的轴线上剪切应力为 0。将深部圆形巷道水平线上($\theta = 0°$)垂直应力除以 σ_0,将垂直线上($\theta = 90°$)水平应力除以 $\lambda\sigma_0$ 得圆形巷道水平应力集中系数和垂直应力集中系数表达式。

$$\begin{cases} K_V = \dfrac{(1+\lambda)}{2}\left(1 + \dfrac{\rho_0^2}{\rho_1^2}\right) + \dfrac{(1-\lambda)}{2}\left(1 + 3\dfrac{\rho_0^4}{\rho_1^4}\right) \\ K_H = \dfrac{(1+\lambda)}{2\lambda}\left(1 + \dfrac{\rho_0^2}{\rho_1^2}\right) - \dfrac{(1-\lambda)}{2\lambda}\left(1 + 3\dfrac{\rho_0^4}{\rho_1^4}\right) \end{cases} \quad (3\text{-}37)$$

式中,K_V 为垂直应力集中系数;K_H 为水平应力集中系数。在不同的侧压系数下($\lambda = 0$、0.5、1.0、1.25、2.0),巷道围岩中水平线上的垂直应力集中系数变化规律和垂直线上水平应力集中系数变化规律如图 3-6 所示。

可以看出,在水平线上垂直应力集中系数均呈指数形式减小,在巷道边界处应力集中程度最大,侧压系数越大垂直应力集中系数越大。当侧压系数大于 1 时,垂直线上水平应力集中系数同样呈指数形式减小;当侧压系数小于 1 时,应力集中系数小于 0,说明围岩中出现拉应力,随着巷道中心距的增大呈对数形式增大趋于 0。

3.1.2.2　矩形巷道局部应力场弹性分析

基于复变函数理论将矩形巷道断面简化为矩形孔口问题,根据 Schwarz-Christoffel 积分公式通过保角变换可得,矩形巷道复变函数变换式[129]为:

$$z = w(\zeta) = R\left(\frac{1}{\zeta} + c_1\zeta + c_3\zeta^3 + c_5\zeta^5 + c_7\zeta^7 + \cdots\right) \quad (3\text{-}38)$$

式中,R、c_1、c_3、c_5、c_7,均为实常数。$R > 0$ 时,$|c_1| + |c_3| + |c_5| + |c_7| + \cdots \leqslant 1$。

通过变换,将无限大平面中的矩形巷道区域映射到 $w(\zeta)$ 平面上的中心单位圆区域,矩

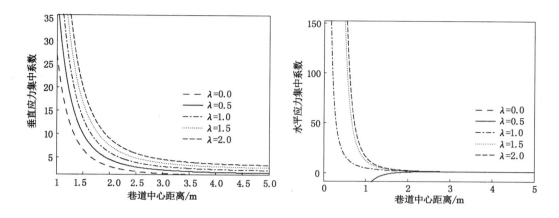

图 3-6　圆孔应力集中系数分布图

形边界变换为单位圆周界,矩形巷道在 z 复平面以及在 $w(\zeta)$ 平面映射关系如图 3-7 所示。

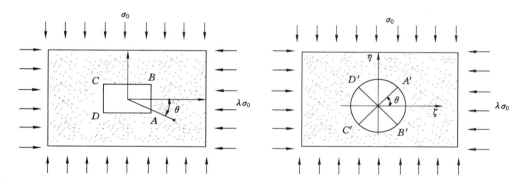

图 3-7　矩形巷道及其映射单位圆力学模型

一般情况下,取前三项进行计算就可获得足够精确的结果,则:

$$z = w(\zeta) = R\left(\frac{1}{\zeta} + c_1 \zeta + c_3 \zeta^3\right) \tag{3-39}$$

将 $z = x + \mathrm{i}y$ 和 $\bar{z} = x - \mathrm{i}y$ 以及 $\zeta = \rho e^{\mathrm{i}\theta}$ 代入式(3-38),可得:

$$\begin{cases} x = R\left[\dfrac{1}{\rho}\cos\theta + c_1\rho\cos\theta + c_3\rho^3\cos(3\theta)\right] \\ y = R\left[-\dfrac{1}{\rho}\sin\theta + c_1\rho\sin\theta + c_3\rho^3\sin(3\theta)\right] \end{cases} \tag{3-40}$$

根据前述映射关系,中心单位圆的半径均为 $\rho=1$,矩形巷道的右边界中点 $(a,0)$ 与 $\theta=0°$ 时对应,上边界中点 $(0,b)$ 与 $\theta=90°$ 时对应,则:

$$\begin{cases} a = R(1 + c_1 + c_3) \\ b = R(1 - c_1 + c_3) \end{cases} \tag{3-41}$$

$$c_1 = \frac{a-b}{2R}, c_3 = \frac{a+b}{2R} - 1 \tag{3-42}$$

$$R = \frac{\dfrac{a-b}{2}\cos\theta + \dfrac{a+b}{2}\cos(3\theta) - a}{\cos(3\theta) - \cos\theta} \tag{3-43}$$

当确定 b 和 a 之后，根据式(3-43)可确定 R 值，代入式(3-41)确定 c_1、c_3 的值。然后通过 θ 在 $(-90°,0°)$ 区间内取不同的值。根据式(3-40)可绘制不同的高宽比条件下（巷道半宽取定值，即 $a=2$）的矩形直角，如图 3-8 所示。

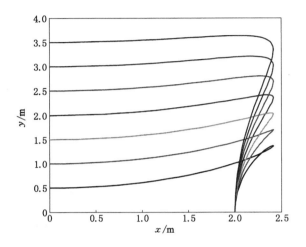

图 3-8   矩形的直角随高宽比的变化

根据计算结果可以得出巷道断面面积与 R 值之间的关系，如图 3-9 所示。

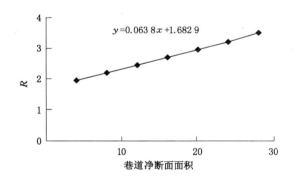

图 3-9 R 值与矩形巷道净断面积的关系曲线

由此可见，R 值与矩形巷道的面积呈线性关系，是一个能线性表征巷道断面大小的，一个参数。将不同矩形巷道的宽度和高度代入式(3-40)~式(3-43)，得到相应的 c_1、c_3 和 R 值，再代入式(3-39)，得到矩形巷道的变换式，最后按照 3.1.1 节和 3.1.2 节中的复变函数求解过程，则矩形巷道周边围岩应力的弹性解如下：

$$\sigma_\rho + \sigma_\theta = 4\mathrm{Re}\Phi(\zeta) = 4\mathrm{Re}\left[\frac{(1+\lambda)}{4}\sigma_0 + \frac{\dfrac{a_1}{R} - 6\dfrac{(1+\lambda)\sigma_0}{4}c_3\zeta^2}{-\dfrac{1}{\zeta^2} + c_1 - 3c_3\zeta^2}\right] \tag{3-44}$$

$$\sigma_\rho - \sigma_\theta + 2\mathrm{i}\tau_{\rho\theta} = \frac{2\zeta^3\left(\zeta + c_1\rho^4\zeta^2 + 3c_3\rho^8\right)}{\rho^2\left(c_1\rho^4\zeta^2 + 3c_3\rho^8 - \zeta^4\right)}\left[\frac{2\dfrac{a_1}{R}\zeta - 24\alpha c_3\zeta^3}{3c_3\zeta^4 + c_1\zeta^2 - 1} - \right.$$

$$\left.\frac{\dfrac{a_1}{R}\zeta^2 - 6\alpha c_3\zeta^4\left(2c_1\zeta + 12c_3\zeta^3\right)}{\left(3c_3\zeta^4 + c_1\zeta^2 - 1\right)^2}\right] + \frac{2\zeta^6}{c_1\rho^4\zeta^2 + 3c_3\rho^8 - \zeta^4} \times$$

$$\left\{\frac{\left[\dfrac{a_1}{R}c_3 + \left(\dfrac{a_1}{R}c_1 - 6\alpha c_3^2\right)\zeta^2 + \left(\dfrac{a_1}{R} - 6\alpha c_3 c_1\right)\zeta^4 - 6\alpha c_3\zeta^6\right]\left(15c_3\zeta^4 + 3c_1\zeta^2 - 1\right)}{\zeta^2\left(3c_3\zeta^4 + c_1\zeta^2 - 1\right)^2} - \right.$$

$$\left.\frac{a_1 - c_3\dfrac{a_1}{R}}{\zeta^2} - 2\alpha - 2\frac{\left(\dfrac{a_1}{R}c_1 - 6\alpha c_3^2\right) + 2\left(\dfrac{a_1}{R} - 6\alpha c_3 c_1\right)\zeta^2 - 18\alpha c_3\zeta^4}{3c_3\zeta^4 + c_1\zeta^2 - 1}\right\} \quad (3\text{-}45)$$

其中,$\alpha = (1+\lambda)\sigma_0/4$;$a_1 = (1-\lambda)\sigma_0/2$;$a_1/R = (1+\lambda)\sigma_0 c_1 + (1-\lambda)\sigma_0/2(c_3 - 1)$。

根据式(3-44)、式(3-45)可得矩形巷道在不同侧压系数条件下应力场的弹性解。不同的侧压下矩形巷道周边最大主应力的分布情况如图 3-10 所示。

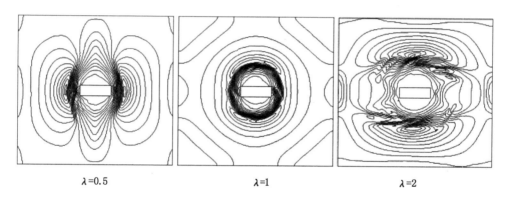

$\lambda = 0.5$ $\lambda = 1$ $\lambda = 2$

图 3-10 矩形巷道周边最大主应力分布

结合图 3-3 和图 3-10 可以看出,椭圆形巷道和矩形巷道在不同侧压系数条件下表现出相同的分布规律。当侧压系数为 0.5 时,矩形巷道周边最大主应力在巷道两边集中。当侧压系数为 1 时,最大主应力在矩形巷道周边均匀分布。当侧压系数为 2 时,最大主应力在矩形巷道顶、底板处集中。

正方形巷道是矩形巷道的一种特殊情况,由于其高跨比相同,可确定其变换式中的参数 c_1 和 c_3,从而得到正方形孔口变换式,即:

$$z = w(\zeta) = R\left(\frac{1}{\zeta} - \frac{1}{6}\zeta^3\right) \quad (3\text{-}46)$$

根据式(3-46)得到的复平面上正方形巷道断面,如图 3-11 所示。

采用同样的求解方法和过程,得到包含侧压系数的正方形巷道围岩应力分量表达式如下:

$$\sigma_\rho + \sigma_\theta = 4\mathrm{Re}\Phi(\zeta)$$

$$= 4\mathrm{Re}\left\{\frac{(1+\lambda)\sigma_0}{4} - \frac{2(1-\lambda)\sigma_0\left[\dfrac{3}{7}\cos(2\alpha) + \mathrm{i}\dfrac{3}{5}\sin(2\alpha)\right]\zeta^2}{2 + \zeta^4} - \frac{(1+\lambda)\sigma_0\zeta^4}{2(2 + \zeta^4)}\right\} \quad (3\text{-}47)$$

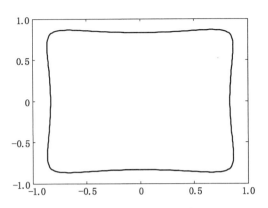

图 3-11　复平面上的正方形巷道断面

$$\sigma_\rho - \sigma_\theta + 2\mathrm{i}\tau_{\rho\theta} = \frac{2\zeta^2}{\rho^2}\frac{1}{\overline{w'(\zeta)}}\left[\overline{w(\zeta)}\Phi'(\zeta) + w'(\zeta)\Psi(\zeta)\right] = \frac{4\zeta^4\rho^2\sigma_0}{2\zeta^4 + \rho^8}$$

$$\left\{\frac{6\zeta - \zeta^3}{6\rho^2}\left\{4(1-\lambda)\left[\frac{3}{7}\cos(2\alpha) + \mathrm{i}\,\frac{3}{5}\sin(2\alpha)\right]\frac{2\zeta - \zeta^5}{(2+\zeta^4)^2} + \frac{4(1+\lambda)\zeta^3}{(2+\zeta^4)^2}\right\} - \right.$$

$$\left\{\frac{6(1-\lambda)(1+\zeta^4)}{12\zeta^2}\mathrm{e}^{-2\mathrm{i}\alpha} - (1+\lambda)\frac{50 - 15\zeta^4 + 6\zeta^8}{24\ (2+\zeta^4)^2} + 13(1-\lambda)\right.$$

$$\left.\left.\left[\frac{3}{7}\cos(2\alpha) + \mathrm{i}\,\frac{3}{5}\sin(2\alpha)\right]\frac{6-\zeta^4}{12\ (2+\zeta^4)^2}\zeta^2\right\}\right\} \tag{3-48}$$

　　将 $\mathrm{e}^{n\theta} = \cos(n\theta) + \mathrm{i}\sin(n\theta)$，$n = 2$、$4$、$8$ 代入式(3-47)和式(3-48)，将实部和虚部分开可得到正方形巷道在映射单位圆上的径向应力和环向应力分布，根据映射关系可得到正方形巷道围岩应力分布弹性解。正方形巷道周边的最大主应力分布规律与矩形巷道基本相同，在此不再赘述。

　　以上是基于复变函数理论中保角变换求解不同孔口问题的经典解法。可以看出，求解应力场的关键是合理确定映射函数。对于断面形状更为复杂的巷道，只有采取近似的映射函数去逼近。常采用的方法有多角形法[130]、搜索边界映射点法[131]和最优化技术法[132]等。

3.2　不同断面形状巷道主偏应力场分布

　　在理想均质、连续的条件下，巷道围岩的变形破坏受到主偏应力的控制[133]。因此，采用主偏应力表征巷道应力场更具有实际意义，主偏应力 S_i 表达式如下：

$$\begin{cases} S_1 = \dfrac{2\sigma_1 - \sigma_3}{3} \\[2mm] S_2 = \dfrac{2\sigma_3 - \sigma_1}{3} \end{cases} \tag{3-49}$$

　　考虑平面应变条件下的局部应力场，建立宽 15 m、高 15 m、厚为 5 m 的数值模型。模型前后为固定位移边界，上、下、左、右为对称布置的应力边界。模型垂直方向施加 20 MPa 主应力，侧压系数取为 1；采用弹性模型，加载到自动平衡。为保证在加载过程中巷道围岩不破坏,围岩的剪切模量、体积模量和黏聚力等力学参数均取极大值,保证在巷道断面形状不变的情况下分析断面形状对围岩应力分布的影响。在双向等压作用下,椭圆形、圆形、矩形、正方形、梯形和半圆拱形巷道的主偏应力分布如图 3-12 所示。

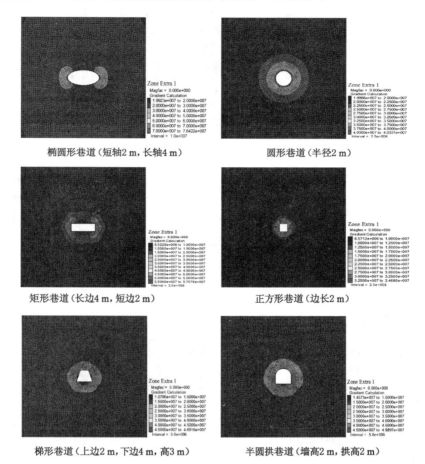

图 3-12　不同形状巷道主偏应力场分布

可以看出,无论何种断面形状的巷道,在巷道表面上的主偏应力值最大,越往围岩深部,主偏应力值逐渐减小。但是,主偏应力在不同形状巷道表面的集中区域分布和集中程度是不同的:椭圆形巷道主偏应力在长轴两端分布较为集中;圆形巷道在整个巷道表面的应力集中程度均相同;矩形和正方形巷道均在 4 个尖角处应力集中明显;梯形巷道在两底角处最集中,在两顶角处次之;半圆拱形巷道也在两底角处最集中,在两肩窝处次之。不同形状巷道表面最大主偏应力值分布如图 3-13 所示。

由图 3-13 可以看出,主偏应力值最大的是椭圆形巷道长轴的两端,达到 76.422 MPa;其次是矩形巷道 4 个尖角处,主偏应力值为 57.076 MPa;接着是半圆拱巷道底角处,主偏应力为 49.897 MPa;再次是梯形巷道底角处,主偏应力为 46.916 MPa;最后是圆形巷道周边,主偏应力为 40.331 MPa。其中,主偏应力值最小的是正方形巷道,其值为 34.66 MPa。

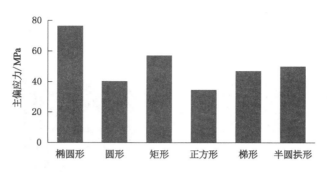

图 3-13　不同形状巷道主偏应力

3.2.1　轴比对主偏应力场的影响

根据前面的理论计算可知,无论是圆形、椭圆形、正方形巷道还是矩形巷道,影响巷道局部应力场的因素归结起来主要有巷道高跨比、侧压系数和主应力方向。鉴于此,采用数值模拟的方法分别就以上因素对椭圆形和矩形状巷道局部的主偏应力场的影响进行分析。椭圆巷道尺寸设计为短轴长为 2 m,通过改变长轴的长来实现不同轴比条件下应力场的分析,其数值模拟结果如图 3-14 所示。

可以看出,在双向等压状态下,椭圆形巷道的轴比由 0.5 增加到 2 的过程中,其最大主偏应力值呈现先减小后增大的趋势,主偏应力值主要集中在椭圆长轴两端。当巷道轴比 $a/b=1$ 时,即为圆形巷道,其主偏应力值最小,且集中区域均布于整个巷道表面,巷道

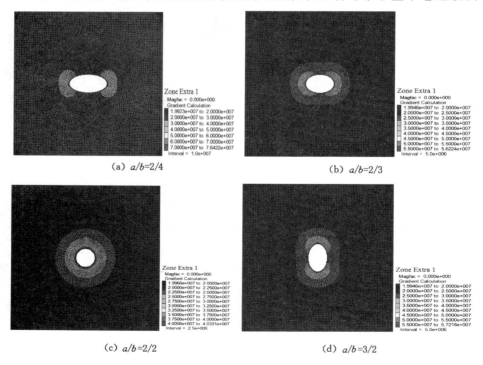

图 3-14　不同轴比主偏应力场分布

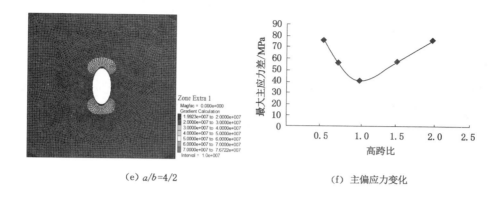

（e）$a/b=4/2$　　　　　　　　　　　　　（f）主偏应力变化

图 3-14（续）　不同轴比主偏应力场分布

围岩最稳定。当巷道轴比偏离 1 越大，围岩中主偏应力值越大，巷道围岩中应力集中程度越明显，说明在双向等压状态下椭圆形巷道两轴长度相差越大，巷道长轴端的围岩就越容易破坏。根据断裂力学可知，当椭圆短轴趋于零时，长轴尖端应力甚至会出现应力无穷大。

采用同样方式对不同高跨比矩形巷道的主偏应力分布规律进行分析，其模拟结果如图 3-15 所示。

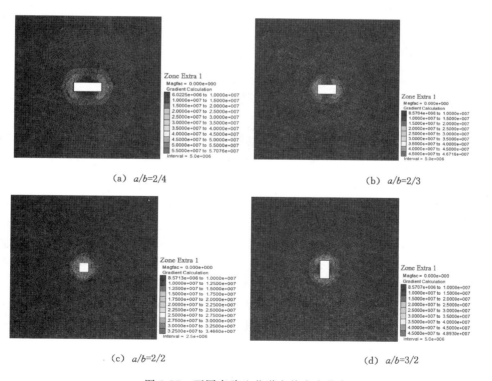

（a）$a/b=2/4$　　　　　　　　　　　　　（b）$a/b=2/3$

（c）$a/b=2/2$　　　　　　　　　　　　　（d）$a/b=3/2$

图 3-15　不同高跨比巷道主偏应力分布

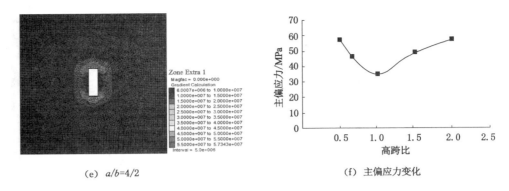

(e) $a/b=4/2$ (f) 主偏应力变化

图 3-15(续) 不同高跨比巷道主偏应力分布

可以看出,在双向等压状态下,矩形巷道围岩中主偏应力值随高跨比的分布规律与椭圆形巷道随轴比的变化规律基本相同。随着高跨比的增大,主偏应力值呈先减小、后增大的趋势,主偏应力值在四个直角处最集中,矩形巷道四个直角处会首先出现压剪破坏。对比发现,椭圆巷道应力以长轴两端两个端点为中心集中,而矩形长轴两边的应力以 4 个尖角点为中心集中。在巷道高跨比等于 1 时,即正方形巷道,其主偏应力值达到最小,巷道围岩最稳定。随着巷道长轴和短轴长度相差越大,其主偏应力值在不断增大。

轴比(高跨比)对应力场的分布大致相同。椭圆(高跨比)轴比越偏离 1,椭圆巷道应力在长轴两端越集中,矩形巷道应力在长轴两端的直角处越集中,巷道围岩在集中处首先破坏。

3.2.2 侧压系数的影响

侧压系数 λ 对巷道围岩应力场分布影响较大。因此,对轴比为 1/2 的(长轴为 4 m,短轴为 2 m)椭圆巷道进行不同侧压系数条件下的应力加载,得到椭圆巷道主应力差分布情况如图 3-16 所示。

可以看出,随着侧压系数从 0 增加到 2 的过程中,椭圆形巷道主偏应力值逐渐减小,在侧压系数为 2 时达到最小值。当侧压系数超过 2 之后,随着侧压系数的增大,主应力差又随之线性增大。在侧压系数增加的整个过程中,主应力差的集中区域从巷道长轴端逐渐向整个孔口表面转移,最后在短轴两端集中。研究表明,当轴比 $a/b=1/\lambda$ 时,整个椭圆巷道表面产生的最大应力值相等,即所谓的等应力轴比状态,这种状态利于巷道围岩的稳定。

同样地,对不同侧压系数下高跨比为 0.5 的矩形巷道(短轴长为 2 m)主偏应力进行数值模拟,结果如图 3-17 所示。

可以看出,随着侧压系数的增大,矩形巷道主偏应力值随着侧压系数的增大而先减小、后增大,在 $\lambda=1$ 时取得最小值,侧压系数越偏离 1,主偏应力值越大。主偏应力在长轴两端较为集中,在 4 个直角处达到最大,在矩形巷道长轴中部区域,主偏应力值较小。与轴比相同的椭圆形巷道主偏应力相比,矩形巷道在双向等压条件下的主偏应力值最小,而椭圆形巷道在等应力轴比时主偏应力值最小,说明矩形巷道应力场与侧压系数的相关性比高跨比相关性更高。

矩形巷道的最大主应力在巷道 4 个直角处的集中程度要远大于巷道直墙部分的集中程

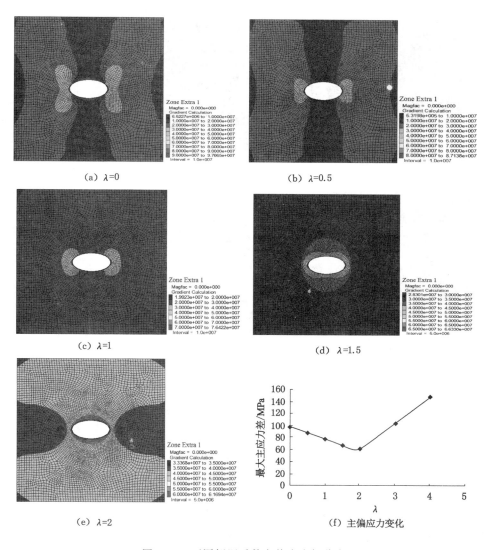

图 3-16　不同侧压系数主偏应力场分布

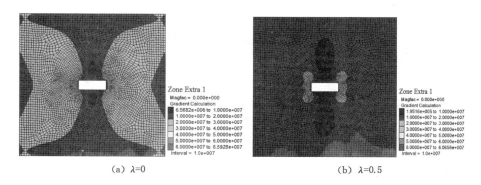

图 3-17　不同侧压系数下矩形巷道主偏应力场分布

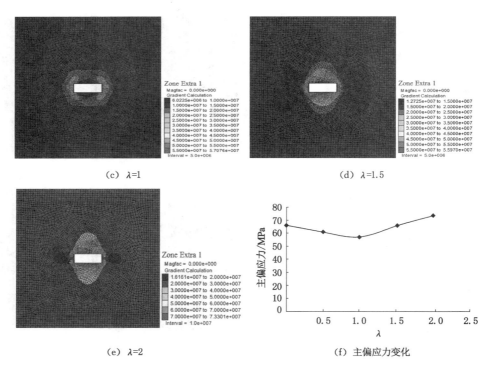

(c) $\lambda=1$ (d) $\lambda=1.5$

(e) $\lambda=2$ (f) 主偏应力变化

图 3-17(续)　不同侧压系数下矩形巷道主偏应力场分布

度[134]。矩形巷道的 4 个尖角易出现压剪破坏，长边中部容易出现拉破坏。在极坐标中，矩形巷道最大的应力分布如图 3-18 所示。

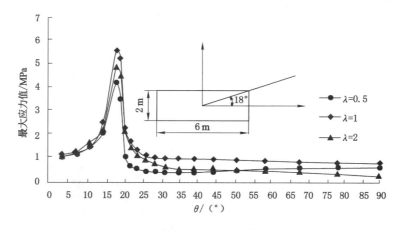

图 3-18　矩形巷道表面最大主应力分布

3.2.3　最大主应力方向的影响

为研究最大主应力方向对巷道周边应力场分布的影响，对轴比为 0.5 的椭圆形巷道在垂直方向施加应力 20 MPa，水平方向不施加应力。通过旋转巷道得到不同主应力方向下巷道的应力场分布，其中 θ 为主应力方向角，如图 3-19 所示。

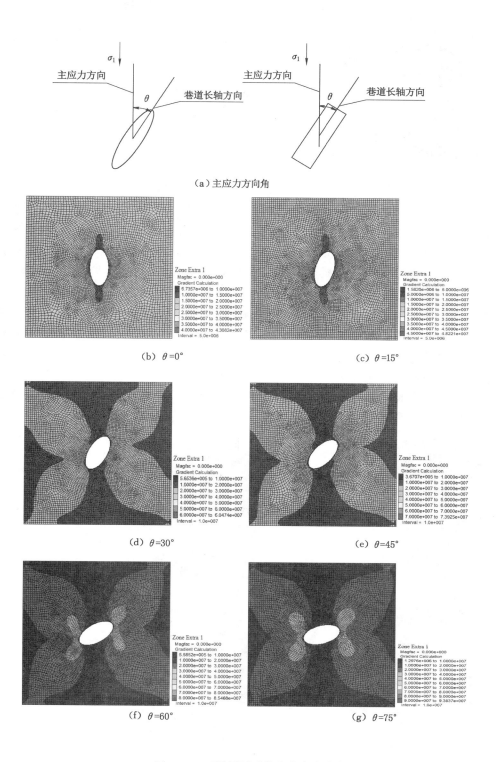

（a）主应力方向角

（b）$\theta=0°$

（c）$\theta=15°$

（d）$\theta=30°$

（e）$\theta=45°$

（f）$\theta=60°$

（g）$\theta=75°$

图 3-19　不同侧压系数主偏应力分布

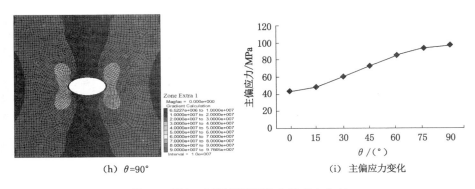

(h) θ=90°　　　　　　　　　　　　(i)　主偏应力变化

图 3-19(续)　不同侧压系数主偏应力分布

可以看出,随着最大主应力方向角从 0°变化到 90°,椭圆巷道周边主偏应力值在逐渐增大,应力集中程度也在逐渐增大。当夹角为 0°时,巷道周边主偏应力值最小,最大值为43.082 MPa,主要集中在巷道短轴两端。当夹角为 90°时,巷道周边主偏应力值最大,最大值为 97.665 MPa,主要集中在巷道长轴的两端;在椭圆巷道长轴与最大加载应力夹角由小变大的过程中,巷道围岩中的最大主偏应力由短轴两端逐渐向长轴两端转移。在双向不等压条件下,椭圆巷道的长轴与最大主应力方向夹角越小,应力集中程度越小,巷道围岩越稳定。此外,在巷道长轴倾角逐渐变化的过程中,巷道围岩中主偏应力值基本呈蝶形分布,这是椭圆形巷道出现蝶形塑性区的内在原因。

同样地,对高跨比为 2 的矩形巷道在垂直方向上施加 20 MPa 应力,水平方向不施加应力进行数值模拟,如图 3-20 所示。

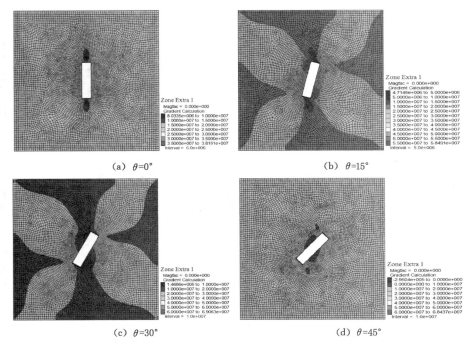

(a)　θ=0°　　　　　　　　　　　　(b)　θ=15°

(c)　θ=30°　　　　　　　　　　　　(d)　θ=45°

图 3-20　不同夹角条件下的主偏应力分布

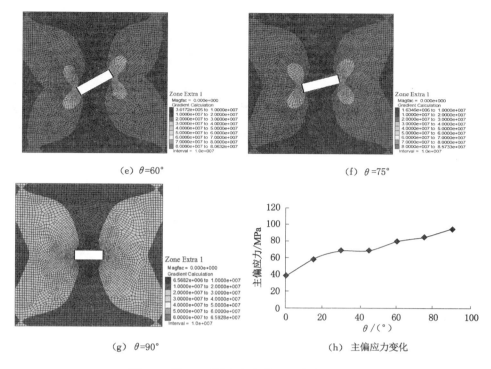

(e) $\theta=60°$ (f) $\theta=75°$

(g) $\theta=90°$ (h) 主偏应力变化

图 3-20(续) 不同夹角条件下的主偏应力分布

可以看出,随着最大应力方向角由0°变化到90°的过程中,巷道周边主偏应力值同样也在逐渐增大。当夹角为0°时,巷道周边最大的主偏应力值为38.151 MPa,主要集中在巷道的短轴(长边)两端。当夹角为90°时,巷道周边主偏应力值最大,达到95.928 MPa,主要集中在巷道长轴(短边)的两端;在矩形巷道长轴与最大加载应力夹角由小变大的过程中,巷道围岩中的主偏应力值由短轴两端逐渐向巷道长轴两端转移,说明在双向不等压状态下矩形巷道的长轴与最大主应力方向夹角越小,应力集中程度越小,巷道围岩越稳定。同样地,在矩形巷道长轴与最大应力方向夹角逐渐变化的过程中,巷道围岩中主偏应力值基本呈蝶形分布。这说明无论是椭圆形巷道还是矩形巷道,其蝶形塑性区的内在机理是相同的,即偏应力场的分布相同。

3.3 不同形状巷道断面演化规律

不同的断面形状对巷道应力场分布具有较大的影响,随着巷道围岩的开挖、变形和破坏,巷道断面也在随之发生变化,巷道围岩的应力场也在不断调整。根据初始应力状态的不同,巷道断面表现出不同的演化规律,而巷道断面演化又反过来影响着周围的应力分布。

3.3.1 巷道围岩变形破坏准则

深部巷道开挖后,在超大地应力作用下,巷道围岩会发生变形破坏,巷道断面形状会随着围岩的破坏而发生变化。根据岩石力学可知,塑性区的形成和发展导致巷道围岩的变形破坏。围岩从弹性到塑性状态的转变一般服从莫尔-库仑强度准则。当岩体进入弹塑性极

限状态时,应满足:

$$\tau = c + \sigma \tan \varphi \qquad (3\text{-}50)$$

式中,τ 为剪切面上的剪应力,MPa;c 为黏聚力,MPa;σ 为剪切面上的正应力,MPa;φ 为内摩擦角,(°)。

莫尔-库仑强度准则用莫尔圆表示如下:

由图 3-21 可以看出,控制岩石破坏的应力 τ 和 σ 是由岩石受到的最大主应力 σ_1 和最小主应力 σ_3 决定。因此,莫尔-库仑强度准则又可以改写为主应力的表达形式:

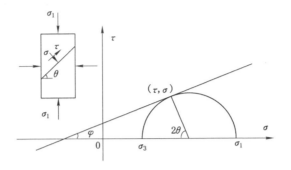

图 3-21　莫尔-库仑强度准则

$$\sigma_1 = \frac{1 + \sin \varphi}{1 - \sin \varphi} \sigma_3 + 2c \frac{\cos \varphi}{1 - \sin \varphi} \qquad (3\text{-}51)$$

式中,σ_1 为最大主应力;σ_3 为最小主应力。

由此可见,当 $\sigma_1 > \dfrac{1 + \sin \varphi}{1 - \sin \varphi} \sigma_3 + 2c \dfrac{\cos \varphi}{1 - \sin \varphi}$ 时,岩石即由弹性进入塑性状态。

可以看出,莫尔-库仑强度准则是一种没有考虑中间主应力 σ_2 的压剪强度准则。当围岩塑性应变超过一定值,围岩即开裂破坏,巷道周围破碎后破碎区围岩承载力很小,且岩体介质不连续,不能很好地传递应力。因此,当围岩进入破碎状态时,认为巷道断面已经发生了变化,破碎区边界即为巷道新的边界。巷道应力场也将重新分布来适应新的孔口边界。

基于莫尔-库仑强度准则结合数值模拟的方法对圆形、椭圆形、半圆拱形、矩形、正方形和梯形巷道断面的演化规律进行分析,采用 FLAC[3D] 软件模拟巷道围岩的变形破坏过程。FLAC[3D] 中内置的莫尔-库仑模型可同时考虑岩体的剪切屈服和拉应力屈服,其破坏准则如图 3-22 所示。

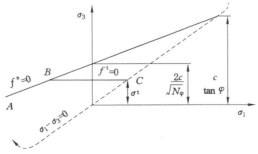

图 3-22　莫尔-库仑破坏准则

从图中的 A 点到 B 点区域,岩体为剪切破坏,其屈服函数为:

$$f^s = \sigma_1 - \sigma_3 \frac{1 + \sin \varphi}{1 - \sin \varphi} + 2c \sqrt{\frac{1 + \sin \varphi}{1 - \sin \varphi}} \tag{3-52}$$

从图中的 B 点到 C 点区域,岩体为拉伸破坏,其屈服函数为:

$$f^t = \sigma_t - \sigma_3 \tag{3-53}$$

式中,f^s 为剪切屈服函数;f^t 为拉破坏屈服函数;φ 为岩体内摩擦角,(°);σ_1 为最大主应力,MPa;σ_3 为最小主应力,MPa;c 为黏聚力,MPa;σ_t 为抗拉强度,MPa。

将其作塑性修正后,便可以用于模拟岩体的变形与破坏。对于深部煤矿岩体具有非线性硬化-软化特性,且为层状岩体。因此,宜采用双线性应变硬化-软化模型进行模拟,该模型是基于莫尔-库仑模型的剪切流动不关联,拉应力流动相关联的本构模型,如图 3-23 所示。

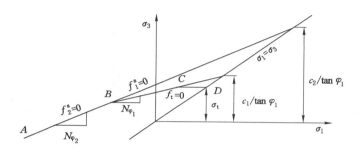

图 3-23　双线性模型破坏判据

其屈服函数和塑性修正均与莫尔-库仑强度准则相同,主要区别在于进入塑性屈服状态后岩体的黏聚力、内摩擦角、剪胀角等参数会发生分段线性变化,而莫尔-库仑强度准则中这些参数是固定不变的。以煤矿中最常见的砂岩材料作为分析的岩体介质,通过试验测得其强度参数见表 3-1。

表 3-1　砂岩初始强度参数

材料	容重 $\gamma/(kN \cdot m^{-3})$	体积模量 B/GPa	剪切模量 S/GPa	黏聚力 c/MPa	单轴抗拉强度 σ_t/MPa	单轴抗压强度 σ_c/MPa	泊松比 μ	内摩擦角 $\varphi/(°)$
砂岩	2 700	72	51.8	12	1.65	47.1	0.21	10.08

3.3.2　巷道断面演化的影响因素分析

3.3.2.1　巷道原始断面形状的影响

考虑分析平面应变条件下的局部应力场,建立宽 15 m、高 15 m 和厚 5 m 的数值模型,模型前后为固定位移边界,上、下、左、右为对称布置的应力边界。根据深部地应力条件,模型的垂直方向主应力和水平方向主应力均设置为 20 MPa;采用双线性本构模型,加载一定时间后停止计算(均计算至 3 000 步)。一般情况下,当岩体塑性应变大于一定阈值时,认为巷道围岩失去承载能力达到破坏,巷道断面也随之变化。圆形、椭圆形、正方形、矩形、半圆拱形和梯形巷道在侧压系数分别为 0.5、1 和 2 时的巷道断面变化情况如图 3-24 所示。

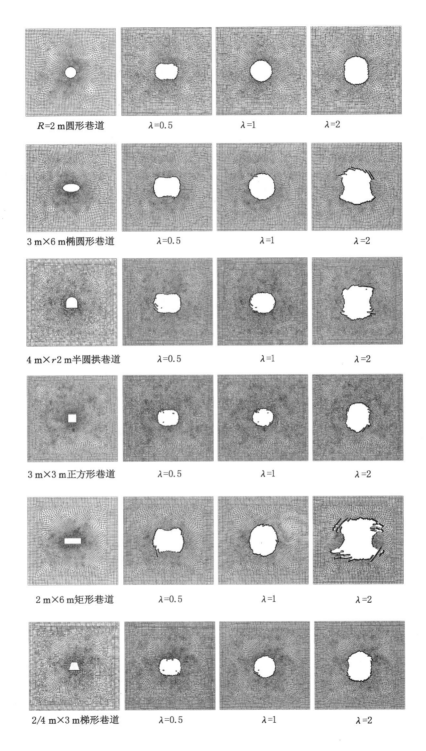

图 3-24　不同断面巷道形状演化

可以看出,无论何种初始断面巷道,当侧压系数为 0.5 时,其巷道断面均类似于椭圆形或矩形,该椭圆形或矩形的长轴方向水平与最大应力方向垂直;当侧压系数为 1 时,所有巷道断面破坏后的形态均近似为圆形,该圆形面积的大小与巷道初始断面面积、轴长、轴比以及隅角度有关;当侧压系数为 2 时,巷道破坏后的断面又呈现出近似矩形的断面,其长轴方向与最大应力方向垂直。

1)巷道破坏面积与初始形状之间的关系

根据巷道围岩破坏后断面面积来分析,不同初始断面形状的巷道,在同样的应力条件下,其破坏面积大小不同。为了方便量化分析,采用破坏单元体数量百分比(破坏单元数与初始单元总数之比)表示不同初始断面巷道在同样加载条件下的破坏情况,如图 3-25 所示。

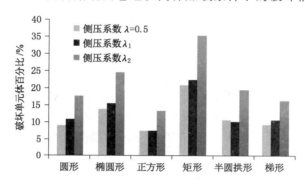

图 3-25　不同巷道破坏单元体情况

可以看出,不同巷道断面单元体的破坏程度关系为:当侧压系数为 0.5 时,正方形巷道破坏的单元体最少,圆形巷道次之,然后依次是梯形巷道、半圆拱巷道、椭圆巷道和矩形巷道;当侧压系数为 1 时,正方形巷道破坏的单元体最少,半圆拱巷道次之,然后依次是圆形巷道、梯形巷道、椭圆巷道和矩形巷道;当侧压系数为 2 时,正方形巷道破坏的单元体最少,梯形巷道次之,然后依次是圆形巷道、半圆拱巷道、椭圆巷道和矩形巷道。

2)巷道破坏面积与侧压系数之间的关系

可以看出,除了正方形和半圆拱形巷道在侧系数由 0.5 变化到 1 的过程中破坏单元体的数量保持不变或小幅减小外,其余巷道的破坏单元体数目随侧压系数的增加而增加,说明在垂直方向载荷不变的情况下,巷道断面大小随着侧压系数的增加而增大。

3)巷道破坏面积与初始面积之间的关系

为研究巷道破坏范围与巷道初始断面尺寸之间的关系,分别就初始巷道断面面积、轴比、尖角程度进行分析。取不同侧压系数下破坏单元体百分比的平均数作为巷道的破坏范围,得到初始断面面积与破坏单元体之间的关系如图 3-26 所示。

可以看出,初始断面积较小的正方形巷道和梯形巷道其破坏的范围最小,其次是圆形巷道、半圆拱巷道、椭圆形巷道和矩形巷道。巷道单元体破坏范围与巷道初始断面大小基本呈正相关关系。

4)巷道破坏面积与巷道隅角之间的关系

对比正方形巷道和梯形巷道,在相同的初始断面条件下,正方形巷道比梯形巷道破坏的单元体更少,正方形巷道 4 个角为直角,最大边长为 3 m,而梯形巷道 2 个角为钝角、2 个角

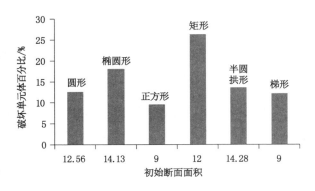

图 3-26　不同巷道破坏单元体情况

为锐角,最大边长为 4 m。根据弹塑性理论可知,锐角处应力更为集中,故梯形断面巷道单元体更容易破坏。对比梯形巷道和圆形巷道,虽然圆形巷道没有尖角的应力集中,但其初始断面积 12.56 m² 大于梯形巷道断面 9 m²,故而圆形巷道周边破坏单元体略大于梯形巷道;对比圆形巷道和半圆拱巷道,除了半圆拱巷道面积较大之外,半圆拱巷道还具有直角,引起应力集中,故而破坏的单元体更多;对比半圆拱巷道和椭圆形巷道,虽然半圆拱巷道面积略大于椭圆形巷道,但其最大的轴长为 4 m,比椭圆形巷道最大的轴长 6 m 小,因而椭圆形巷道周边单元体破坏得更多;对比椭圆形巷道和矩形巷道,椭圆形巷道比矩形巷道破坏的单元体更少,二者最大轴长相等均为 6 m,但椭圆形巷道没有直角,同时椭圆轴比为 1/2 大于矩形巷道的高跨比 1/3,巷道周边应力集中程度较小。在上述各类巷道断面中,矩形巷道单元体破坏最为严重,原因有三:其一,边长最大为 6 m,其二,具有 4 个直角;其三,高跨比较小为 1/3。

综上所述,影响巷道破坏的原因有:巷道断面面积、最大轴长、轴比和隅角大小。其中,巷道断面面积与轴比和边长又具有一定的相关性,需要进一步分析。在应力条件相同的情况下,巷道断面面积越大、轴长越长、隅角越尖锐,巷道围岩就越容易破坏。为研究巷道随加载时间的演化过程,对不同侧压系数下不同断面形状的巷道进行进一步加载(加载至 5 000 步),如图 3-27 所示。

研究发现,在双向不等压状态下,巷道断面还会进一步由矩形演变为蝶形,侧压系数为 0.5 时,不同形状巷道由原来的不同断面向纵向蝶形断面转变,侧压系数为 2 时,巷道断面由矩形转变为横向蝶形断面。在双向等压状态下(即侧压系数为 1),巷道断面仍是圆形,只是面积在不断增大。同时还可以看出,加载应力越大,巷道破坏之后的断面面积越大。

综上所述,深部巷道断面演化过程为:受高地应力影响,深部巷道塑性区、破碎区范围较大。在岩性相同的条件下,巷道断面的"最终形状及其断面面积"主要受到初始断面大小和地应力影响,而与巷道初始形状的关系不大。但是,在深部巷道开挖初期,巷道断面形状的影响较大,随着时间的推移,巷道初始形状的影响逐渐减小。根据应力条件来划分,巷道断面形状有两种演化模式分别为:① 无论何种巷道断面,在双向不等压应力条件下巷道断面形状首先由原始断面形状转变为椭圆形或矩形断面,随着时间然后到蝶形转变;② 在双向等压条件下,巷道断面形状由原始断面形状转变为圆形断面,地应力不变的情况下,巷道断

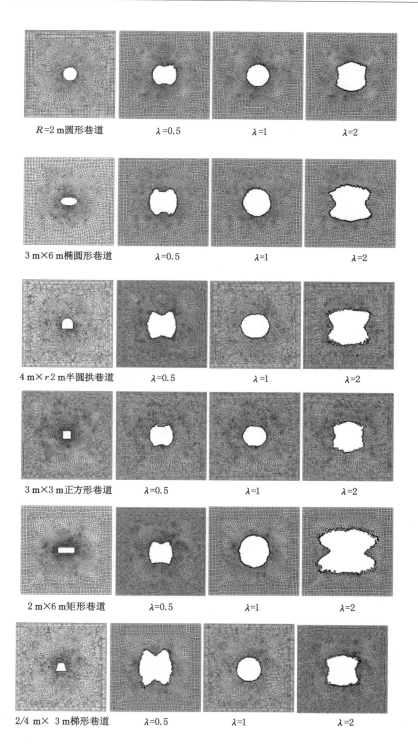

图 3-27 巷道断面进一步演化

面以圆形断面不断扩大。

在工程实践中,巷道初始断面形状决定了巷道首先破坏的位置,而随着时间的推移,地应力才是决定巷道塑性区和破碎区形态和范围的主要因素。从支护的角度来讲,巷道初期支护要首先考虑巷道断面形状,而后期支护(二次支护)就必须考虑地应力的大小和方向,才能够保证巷道的长期稳定。

3.3.2.2 破坏模式对断面形状演化的影响

根据前面的分析可知,巷道围岩的破坏形式有拉破坏和压剪破坏两种类型,其破坏模式也有两种类型。以椭圆形巷道为例(长轴为 4 m,短轴为 2 m),对垂直主应力为 20 MPa,侧压系数为 0.5 条件下模拟加载过程中拉破坏和压剪破坏,如图 3-28 和图 3-29 所示。

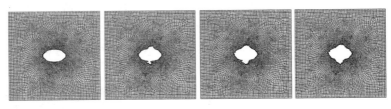

图 3-28　椭圆形巷道拉破坏过程

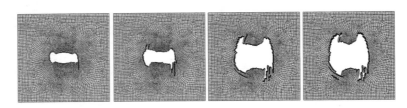

图 3-29　椭圆形巷道压剪破坏过程

由图 3-28 和图 3-29 可以看出,随着应力的加载,椭圆形巷道首先在垂直方向上发生拉张破坏,继而在椭圆巷道长轴两端发生压剪破坏。拉破坏范围比压剪破坏的范围小但发生迅速,拉破坏使得巷道断面由椭圆形向十字形转变,而压剪破坏相对较晚,使得巷道断面由椭圆形向矩形、纵向蝶形转变。在支护的过程中,应首先控制巷道围岩的拉伸破坏,其次控制围岩大范围的压剪破坏。

3.3.2.3 侧压系数对椭圆巷道断面演化规律的影响

选用长轴为 3 m 轴比为 0.5 的椭圆形巷道进行不同侧压系数条件下的断面形态进行分析,模型前后采用固定位移边界,上、下、左、右采用对称应力边界条件进行加载,垂直方向应力为 20 MPa,侧压系数分别为 $\lambda = 0.5$、0.75、1、1.25、1.5。采用双线性应变硬化-软化模型进行数值模拟,得出不同侧压系数下椭圆形巷道压剪破碎区的形态,如图 3-30 所示。

由图 3-30 可以看出,当侧压系数小于 1 时,破碎区首先出现在巷道水平方向上;当侧压系数增大到 1 时,巷道的垂直方向也出现了破碎区。随着侧压系数的增大椭圆巷道围岩的塑性区逐渐由水平方向转变到垂直方向。由于巷道破碎区基本不具备承载能力,除去巷道破碎区围岩,可得到巷道实际承载围岩硐室的形状。若不加以支护,可得不同侧压系数下的巷道断面的演化规律,如图 3-31 所示。

由图 3-31 可以看出,随着侧压系数的增大,椭圆形巷道断面形状由横向近似椭圆形(或

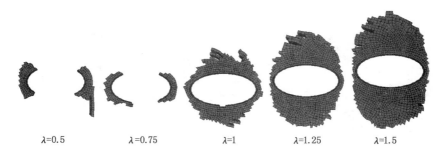

$\lambda=0.5$ $\lambda=0.75$ $\lambda=1$ $\lambda=1.25$ $\lambda=1.5$

图 3-30 不同侧压系数下椭圆形巷道压剪破碎区形态

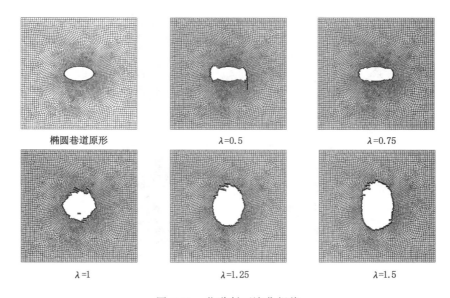

图 3-31 巷道断面演化规律

近似矩形如侧压系数为 0.5 的巷道断面)逐渐向纵向椭圆形转变,在垂直方向应力不变的前提下,随着侧压系数的增大,巷道断面的总面积在增大。

3.3.2.4 轴比对椭圆巷道断面演化规律的影响

采用对轴比分别为 1/2、2/3、1、3/2、4/2 的椭圆形巷道施加垂直应力为 20 MPa,侧压系数均为 1 的应力分析椭圆轴比对巷道形态变化的影响,其模拟结果图 3-32 所示。

由图 3-32 可以看出,不同轴比的椭圆形巷道在双向等压状态下加载到模型自动平衡时,其破碎区随着轴比的增大而先减小后增大,在轴比等于 1 时,破碎区范围最小。在轴比小于 1 时,破碎区在垂直方向上的范围较大;当轴比大于 1 时,破碎区在水平方向上较大。不同轴比椭圆形巷道硐室的形状变化如图 3-33 所示。

由图 3-33 可以看出,在双向等压状态下,不同轴比的椭圆形巷道均出现由椭圆形向圆形巷道转变的趋势,说明应力状态对巷道断面形状的变化影响更大。同时,在巷道短轴一定时,巷道长轴越长巷道变形破坏后硐室的形状变化越大。

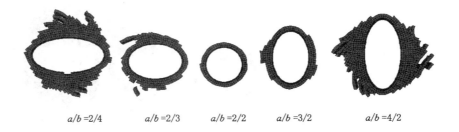

图 3-32 不同轴比椭圆巷道破碎区形态

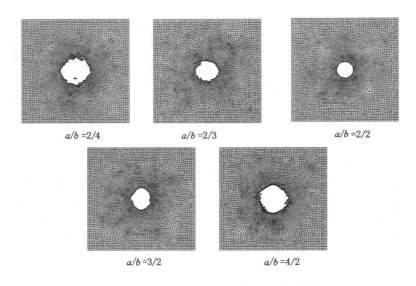

图 3-33 不同轴比椭圆巷道断面形态变化

3.3.2.5 主应力方向对巷道断面演化规律的影响

巷道围岩的破坏使得巷道实际悬空面积的增大和断面形状的改变,从而引起巷道围岩应力的继续转移和巷道断面长轴方向不断旋转。为研究巷道长轴方向对巷道断面形状演化规律的影响,同样以椭圆形巷道为例,对椭圆巷道进行 20 MPa 垂直应力加载,侧压系数取 $\lambda=0.5$,通过改变巷道长轴与最大主应力方向之间的夹角,得到不同主应力方向条件下巷道破坏形状,如图 3-34 所示。

由图 3-34 可以看出,随着椭圆巷道长轴与最大主应力方向夹角的增大,巷道压剪破碎围岩区在不断减小。巷道破坏后的断面形状如图 3-35 所示。

从巷道围岩破坏后巷道断面形态来看,巷道长轴与最大主应力方向夹角对巷道破坏形态的影响不是很大,影响巷道破坏形态的主要因素还是主应力的方向和大小。在巷道长轴方向变化的过程中,巷道断面形态变化基本相同,均是由椭圆原始断面向矩形断面转变的。

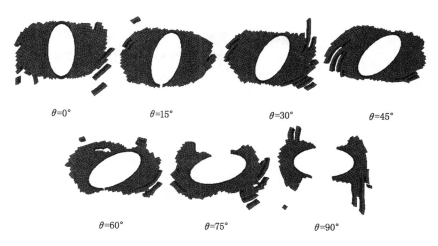

$\theta=0°$ $\theta=15°$ $\theta=30°$ $\theta=45°$

$\theta=60°$ $\theta=75°$ $\theta=90°$

图 3-34   不同方向主应力对巷道断面的影响

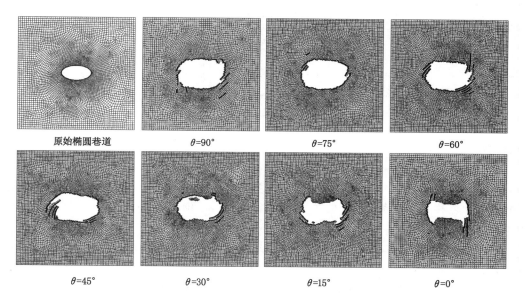

原始椭圆巷道 $\theta=90°$ $\theta=75°$ $\theta=60°$

$\theta=45°$ $\theta=30°$ $\theta=15°$ $\theta=0°$

图 3-35   不同方向主应力对巷道断面的影响

3.4   深部采动巷道整体应力场演化规律分析

根据前面的分析可知,深部动压巷道围岩的扰动弱化过程主要分为两个阶段:巷道掘进阶段和工作面回采阶段。围岩的弱化主要受到采场整体应力场和巷道局部应力场的影响,而应力场随着巷道的掘进和工作面的回采随时变化。巷道围岩的弱化形式和弱化程度除了与地应力大小相关,还与人类的掘-采活动密切相关。因此,采用数值模拟对采场整体应力场和巷道局部应力场进行分析。

3.4.1 巷道掘进期间掘进应力场动态演化特征

平煤集团十矿己$_{18}$-24130区段保护层采面位于十矿-320 m水平己四采区下山东翼第五阶段,地面标高+300～+462 m,工作面标高-684～-724 m,埋深1 073～1 173 m,属于深部开采范畴。该采煤工作面地质构造简单,直接影响工作面回采的有f1～f3断层。工作面有效走向长713.5 m,倾斜宽157～160.5 m,工作面平均宽度为156.8 m。己$_{18}$煤层平均倾角9.5°,平均厚度为0.5 m。直接顶为4.5～6.0 m的灰岩(含水),其上为3.0～4.0 m的砂质泥岩。基本顶为5.0～6.0 m的砂岩。再往上为己$_{17}$煤层,己$_{17}$煤层厚2.2～2.8 m。己$_{16}$煤层与己$_{17}$煤层夹矸厚3.0～3.2 m。己$_{15}$煤层与己$_{16}$煤层合层,煤厚2.4～3.2 m。己$_{18}$煤层直接底为0.5～2.0 m的泥岩,其下为厚度为1.2～3.0 m的灰岩及泥岩。基本底为厚度约40 m的砂质泥岩。结合地质资料和力学实验得到各岩层的模拟参数见表3-2。

表 3-2 24130采面岩层数值计算参数

岩层类型	密度/(kg·m^{-3})	剪切模量/GPa	体积模量/GPa	黏聚力/MPa	内摩擦角/(°)	抗拉强度/MPa
中-粗粒砂岩	2 590	0.37	0.56	8.7	46	3.9
砂质泥岩	2 550	0.26	0.50	4.5	36	3.2
灰岩	2 650	0.39	0.78	10	45	4.2
18煤	1 300	0.13	0.40	2.4	18	2.0
泥岩	2 530	0.25	0.48	3.5	29	2.4
灰岩	2 650	0.39	0.78	10	45	4.2
泥岩	2 530	0.25	0.48	3.5	29	2.4
砂质泥岩	2 550	0.26	0.50	4.5	36	3.2

采用FLAC^{3D}软件建立数值模型,长×宽×高=300 m×200 m×80 m,如图3-36所示。采用应力和位移混合边界,即模型四周即底部采用固定位移边界,限制单元体水平方向位移,主要是通过限制边界节点在水平方向的速度为零来实现;模型上部采用应力边界。根据$\sigma_\mu = \gamma H$计算垂直地应力,其中24130区段保护层工作面平均埋深H=1 123 m,上覆岩层平均容重γ=25 kN/m^3,可知模型上部垂直应力为25 MPa。24130区段岩石保护层回采巷道沿18煤层顶板掘进,巷道断面为矩形,净高(巷道中线高)×净宽=3.6 m×4.6 m。根据相关资料查得该采面平均水平应力为垂直应力的1.2倍,即λ=1.2。

首先,采用弹性模型,将剪切模量和体积模量设置为极大值计算至平衡,生成初始地应力场。然后,将所有节点速度和位移清零,进行回采巷道开挖。24130区段保护层工作面进风巷和回风巷同时掘进。分步开挖计算,研究巷道掘进过程中应力场的演化规律。图3-37为开挖到50 m、75 m、和100 m时的垂直应力场分布。

由图3-37可以看出,随着巷道的开挖,靠近巷道的顶板和底板岩体中垂直应力出现"垂直应力卸载环",在巷道顶板和底板表面甚至出现垂直应力为零的区域。巷道两帮则出现半翼形垂直应力集中区,整体来看,在同一巷道断面中则形成垂直应力蝶形分布区。

由图3-38可以看出,巷道开挖后的顶板中点处的垂直应力几乎为零,在巷道掌子面(掘进工作面迎头的俗称,下同)应力急剧增加,然后过了掌子面后逐渐减小到原岩应力状态。

根据图3-39可知,在巷道掘进25 m后,在掌子面后方的巷道断面上垂直应力分布呈

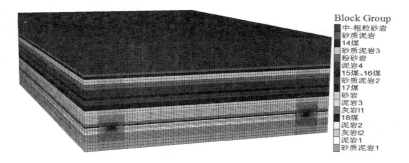

图 3-36 数值计算模型及岩层设置

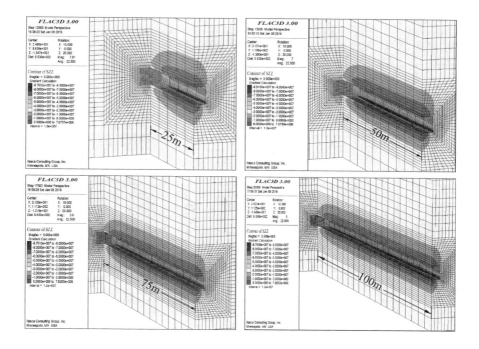

图 3-37 巷道掘进中垂直应力分布

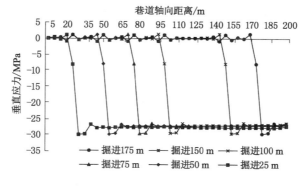

图 3-38 巷道顶板垂直应力变化

典型的蝶形分布,在巷道顶板和底板中出现以顶、底板为轴的半椭圆状垂直应力卸载区,在巷道两帮出现蝶形两翼状的垂直应力集中区,垂直应力在两底角处集中程度最大。首先,在巷道掘进 25 m 的掌子面上,垂直应力在巷道掘进面上集中;其次,巷道两顶角处应力集中程度较大,在巷道底角处出现应力卸载。在巷道掘进面前方 5 m 处,垂直应力在顶板处较为集中;在掘进面前方超过 10 m 之后,垂直应力逐渐减小至原岩应力状态。对不同巷道断面上顶板和帮部的应力进行监测,得到巷道帮部和顶板的垂直应力分布情况,如图 3-40 所示。

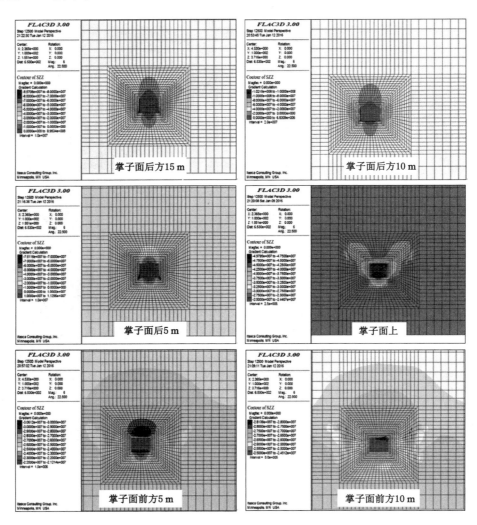

图 3-39　巷道断面垂直应力分布规律

由图 3-40 可以看出,掌子面后方巷道断面上,垂直应力在帮部和顶板中的分布规律基本一致。帮部垂直应力先增大后逐渐减小至原岩应力,存在一个应力峰值,在顶板中垂直应力由于开挖卸载,由 0 MPa 逐渐增加至原岩应力,巷道掘进影响区宽度约 15 m。巷道帮部的垂直集中峰值应力随着掘进距离的增大而增大,最大集中应力值达 54.7 MPa,越靠近掘

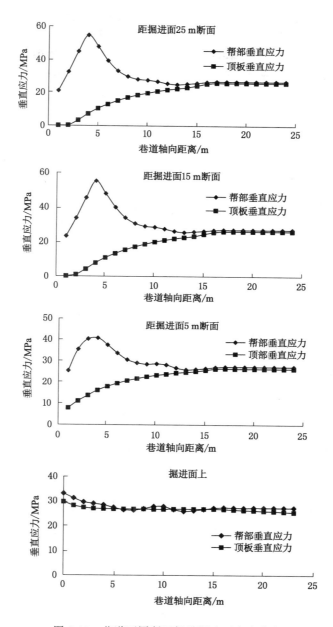

图 3-40　巷道不同断面掘进影响区应力分布

进工作面,最大集中应力越小;在掘进工作面上,垂直应力的集中程度不大,帮部和顶板中的垂直应力均呈现出逐渐减小的趋势。

　　前面的分析是基于弹塑性状态下围岩体还没有发生破坏进行时的应力分布状态。事实上,巷道的开挖引起围岩应力状态的改变,围岩在较高的载荷作用下,其强度随受载时间的增加而降低。在深部高应力条件下,巷道围岩不可避免地会发生屈服破坏。巷道掘进头前方和后方两帮围岩强度均是时间的函数[135]。巷道临空面围岩首先发生破坏而引起应力卸载,越往深部应力逐渐集中,之后逐渐恢复至原岩应力状态。巷道前方出现应力卸载-集中分布的主要原因在于掘进影响区内围岩的差异性弱化过程,而这种差异性弱化过程与应力场的演化密切相关。煤岩体强度与其所处的应力场之间是相互作用、对立统一的关系。高应力场作用于围岩,随着加载时间而逐渐改变着围岩中煤岩体的强度,而煤岩体强度的变化又引起应力场的不断调整和移动,便形成了巷道掘进期间应力场的演化规律。吕秀江[136]对多孔介质煤岩巷道前方应力场进行了理论分析和相似模拟试验,得到巷道掘进停歇期间掘进应力场随时间的变化特征,如图 3-41 所示。

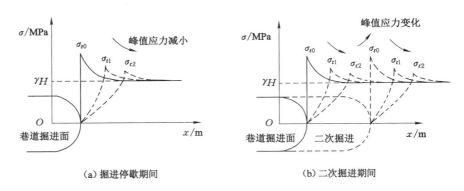

（a）掘进停歇期间　　　　　　　（b）二次掘进期间

图 3-41　掘进头前方应力随时间的变化曲线

综上所述,巷道掘进期间掘进面前方煤岩体和后方巷道围岩中的应力演化特征可归结为以下几点:

（1）掘进应力的峰值由小到大集中,随着时间的推移又由大到小变化,以巷道临空面为参考点,应力峰值位置由近及远推移。

（2）破碎区和塑性区从无到有,宽度由小变大,整个掘进影响区域宽度在逐渐变宽。

（3）巷道的掘进是一个掘-停交替进行的过程,在上一次停歇时动态变化的应力场在下一次掘进时将重新调整。下一次掘进的煤岩体是上一次掘进后产生的破碎区和塑性区煤岩体,掘进头向前推进后,应力又将重复上一次掘进过程中的应力调整过程。

（4）在巷道横断面上,两帮的应力集中区的变化过程与掘进停歇期间掘进头前方应力的演化过程相同。

3.4.2　工作面回采引起应力场的变化规律

3.4.2.1　回采期间巷道周边应力场模拟

24130 区段保护层岩工作面高 4.5 m,工作面长 156 m,在下进风巷和上回风巷掘进完成后进行切眼贯通进行工作面回采。在此过程中,巷道围岩的应力和围岩会随之而发生变化,监测断面布置如图 3-42 所示。取切眼贯通和工作面回采 25 m、50 m、75 m、100 m 和150 m 时,工作面前方 5 m 处断面应力分布如图 3-43 所示。

由图 3-43 可以看出,自切眼贯通后工作面前方应力便开始出现集中区,巷道靠近工作面一侧的应力集中明显,这是造成工作面前方巷道待采煤体一侧煤岩体出现岩爆和煤岩体突出的力学原因。工作面前方 5 m 断面上靠近采场一侧帮部垂直应力和顶部垂直应力分布如图 3-44 所示。

由图 3-44 可以看出,随着工作面推进的增大,工作面前方 5 m 处靠近工作面一侧帮部

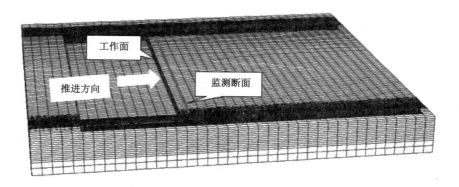

图 3-42　监测断面布置示意图

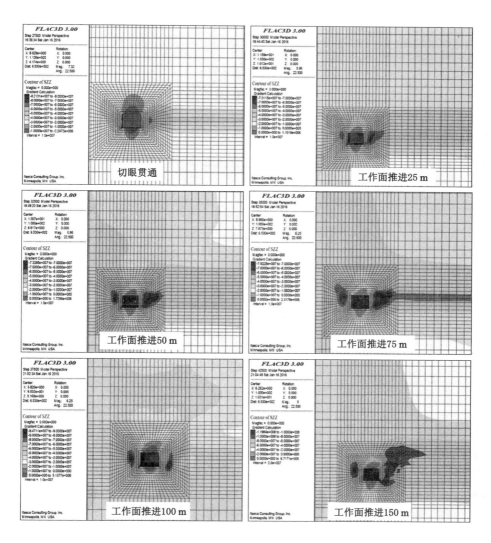

图 3-43　工作面前方 5 m 处断面应力分布

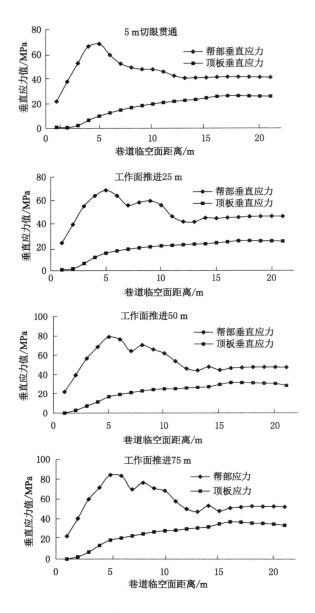

图 3-44 工作面推进不同距离应力场分布

煤岩体中垂直应力出现先增大、后减小的趋势,然后在一定起伏之后最终趋于一个较为稳定的压力值。巷道顶板中,沿垂直方向向上,垂直应力逐渐增大,最后趋于稳定。从应力值的大小角度来看,在不考虑基本顶断裂的情况下,随着工作面推进距离越长,巷道帮部垂直应力值越大(在推进距离为 75 m 时达到 84.3 MPa),且巷道帮部和顶板中垂直应力值最终趋于稳定。在 5 m 切眼处帮部垂直应力趋于 41.6 MPa,顶板中垂直应力趋于25.9 MPa;在工作面推进 25 m 后,帮部垂直应力趋于 45.6 MPa,顶板中垂直应力趋于 24.8 MPa;在工作面推进 50 m 后,帮部垂直应力趋于 47.2 MPa,顶板中垂直应力趋于30.8 MPa;在工作面推进

75 m后,帮部垂直应力趋于51.3 MPa,顶板中垂直应力趋于35.6 MPa;沿巷道轴线的垂直应力剖面图,如图3-45所示。

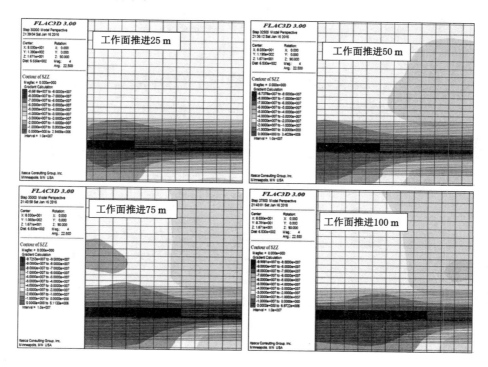

图3-45　工作面前后应力分布

由图3-45可以看出,在工作面后方的采空区顶、底板是垂直应力的卸压区,尤其是在工作面后方采空区5~10 m处,顶、底板中的垂直应力都很小。但是,随着工作面的推进到一定距离之后采场顶板出现弯曲下沉,顶板岩层中出现拉应力,造成顶板岩层的断裂破坏,引起工作面前方和采场两侧形成周期来压。

3.4.2.2　工作面回采引起顶板岩层的破断规律

采用Udec进行采场顶板岩层的破断规律分析,建立模型尺寸为:数值模型尺寸200 m×80 m,模型两侧为滑动支承,底部为固定支承,计算采用平面应变模型,选用莫尔-库仑强度准则,根据各煤岩层厚度进行节理划分,对邻近采场岩层适当加密。应力值等于上覆岩层重力,侧压系数取1.5。对工作面前方煤岩体进行循环开挖模拟工作面的推进,每次开挖后均计算至系统自动平衡,得到采场顶板岩层的移动规律如图3-46所示。

由图3-46可以看出,在工作面推进15 m时,采场顶板岩层尚未垮落。当工作面推进至27 m时,采场顶板岩层首次出现垮落,即采场初次来压。当工作面继续推进至36 m时,顶板岩层在工作面后方出现一定距离的悬顶;当工作面推进至54 m时,悬顶距出现减小,说明在此期间顶板出现了二次垮落。随着工作面的继续推进,采场顶板岩层出现周期性的悬顶和垮落,表现为采场的周期性来压。顶板岩层的悬顶和破断造成工作面前方支承应力的升高和降低,即使工作面停止推进,支承应力也会随着煤岩体的变形破坏

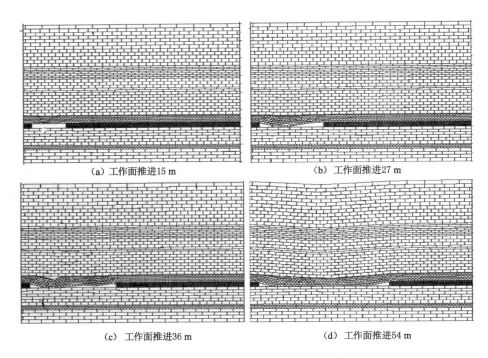

（a）工作面推进15 m （b）工作面推进27 m

（c）工作面推进36 m （d）工作面推进54 m

图 3-46 工作面推进与顶板岩层破断关系

而动态变化。

3.4.2.3 回采期间巷道周边应力场演化规律

采场整体应力场主要是在指采场采动影响范围内的围岩应力场。随着工作面的回采，伪顶随之垮塌、冒落，直接顶弯曲、起裂、下沉，基本顶失去支撑，在工作面前方煤岩体和采场两侧煤岩体中集中形成支承应力。工作面前端的支承压力称之为超前支承压力，采场两侧的支承压力成为侧向支承压力。随着工作面的推进，采场四周煤岩体中支承应力逐渐增加，在推进距离到初次来压步距时支承应力达到最大。随后，基本顶断裂形成工作面初次来压，煤岩体中支承应力降低。需要注意的是，基本顶断裂有一个过程，在初次断裂之前构成一个四边固支的板式力学模型，首先在长边中心处起裂扩展，随后是短边中点起裂扩展，两次断裂贯通形成"O"型断裂；最后在板中心起裂、扩展形成"X"型断裂，并与"O"型断裂贯通最终形成"X-O"型断裂，工作面继续推进，基本顶呈周期性断裂、采场的支承应力也呈周期性变化[82]，如图 3-47 所示。

随着基本顶的破断，在工作面前后会形成较为固定的增压区、减压低区和稳压区，其应力大小和分布范围与所采用的采煤方法、煤岩层赋存条件、煤岩体性质、产状，工作面采高、工作面开采深度和工作面推进速度等因素有关。工作面的前后支承压力与采场侧向支承压力分布规律基本相同，如图 3-48 所示。

超前支承压力和侧向支承压力均是动态变化的，其应力峰值比原岩应力值高出数倍。有学者认为，煤壁到前方深部煤体稳压区的支承压力呈指数形式分布[137]，其中超前支承压力和侧向支承压力的表达式分别为：

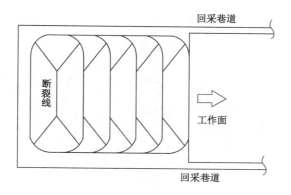

图 3-47 基本顶"X-O"型断裂形式

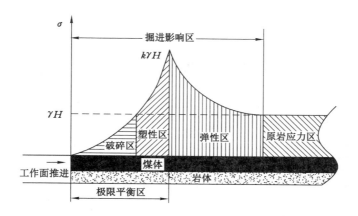

图 3-48 工作面前后支承压分布

$$\sigma_{超} = \frac{1}{2}\sigma_3\exp\left(\frac{1}{40-x}\right) + E\left(\frac{a_1 x^{b_1}}{h} + c_1\right)\exp\left\{-\left[\frac{\frac{a_1 x^{b_1}}{h} + c_1 - \frac{\sigma_3\exp\left(\frac{1}{40-x}\right)}{2E}}{\varepsilon_0}\right]^m\right\}$$

$$(3-54)$$

$$\sigma_{侧} = \frac{1}{2}\sigma_3\exp\left(\frac{1}{40-x}\right) + E\left(\frac{a_2 x^{b_2}}{h} + c_2\right)\exp\left\{-\left[\frac{\frac{a_2 x^{b_2}}{h} + c_2 - \frac{\sigma_3\exp\left(\frac{1}{40-x}\right)}{2E}}{\varepsilon_0}\right]^m\right\}$$

$$(3-55)$$

谢文兵等[138]通过数值模拟得出的采场三维整体应力场分布,如图 3-49 所示。

结合巷道掘进和工作面回采期间的应力场可以看出,工作面前方煤岩体的应力分布规律与巷道掘进期间应力分布规律有相似之处。但是,由于采场范围大,会引起顶板岩层的变形-破裂-运动,从而使得回采应力影响区和影响程度上都大大超过巷道掘进期间对巷道围岩的扰动作用。

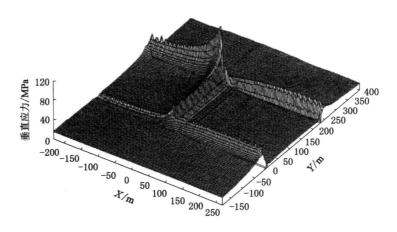

图 3-49　采场三维整体应力场分布

3.5　深部动压巷道围岩塑性区演化规律

随着采深的增加,深部动压多表现出大变形的特点,严重制约了深部煤炭资源的安全开采。深部岩体的岩石力学行为也发生了改变。研究表明,巷道围岩的大变形与塑性区的形成和发展密切相关,塑性区的形态、范围决定了巷道破坏的模式和程度。王卫军等[139]认为,塑性区的局部畸变和恶性扩展是高应力软岩巷道围失稳的关键所在,提出了锚网索喷＋底板锚索＋局部锚索或注浆加强的围岩控制方案。赵庆彬[140]以应力扩大系数 k 来表征围岩中的应力扩散,结合数值模拟研究了锚杆、锚索预应力的耦合支护效应,提出了深部动压巷道锚网喷索喷＋U 型钢支架＋注浆＋底板锚注的联合支护技术。胡敏军[141]通过建立一种新的软岩黏弹塑性应变软化蠕变模型对高应力软岩巷道的时效变形机理进行了分析,提出以锚注支护为核心的时效耦合支护体系。王渭明等[142]建立了弱胶结软岩巷道围岩弹塑性流动损伤模型,分析了原岩应力、刚度劣化和扩容梯度等因素对围岩损伤、变形及塑性圈的影响,发现剪胀效应影响塑性区围岩损伤和位移,原岩应力水平影响塑性圈的分布。

可以看出,深部动压巷道大变形与其围岩塑性区演化密切相关,塑性区演化规律决定了支护形式、强度和支护时机的选择。因此,研究深部动压巷道塑性区演化机制具有重要的理论与实际意义。

3.5.1　巷道塑性区形成及影响因素

巷道形成塑性区是由于围岩中产生了偏应力。巷道开挖后,围岩应力状态改变,巷道表面围岩由三向应力状态转变为双向甚至单向应力状态。在巷道临空面方向应力的突然卸载造成围岩中产生较大的偏应力,当偏应力超过一定值后,围岩即进入塑性状态,塑性变形不断扩展直至围岩破坏。巷道围岩塑性区中岩体单元的偏应力 s_i 表达式,见式(3-49)。

塑性区形成和发展受多种因素的综合作用,主要包括 4 个方面:① 岩体自身岩性的影响,主要体现在内摩擦角(φ)和黏聚力(c)两个参数的影响;② 地应力的影响,包括地应力的大小和方向以及由于开挖形成的主偏应力,塑性区产生的力学本质即是巷道围岩中存在偏应力,不同的偏应力作用下产生了圆形、椭圆形以及蝶形塑性区;③ 支护结构的影响,包括支护强度及支护形式的影响;④ 巷道断面的影响,包括巷道断面大小和形状的影响。

1) 围岩岩性的影响

巷道围岩以压剪破坏为主,根据莫尔-库仑强度准则,在极限平衡状态下,围岩中主偏应力为(图 3-50):

$$
\begin{cases}
s_1 = \dfrac{(1+3\sin\varphi)\sigma_3 + 4c\cos\varphi}{3(1-\sin\varphi)} \\
s_3 = \dfrac{(1+\sin\varphi)\sigma_3 - 2c\cos\varphi}{3(1-\sin\varphi)}
\end{cases}
\tag{3-56}
$$

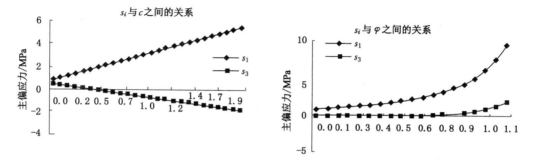

图 3-50　主偏应力与岩石参数间的关系

可以看出,对于同一种岩体,偏应力越大,其塑性区扩展越快。在地应力为定值($\sigma_3 = 0.5$ MPa)时,主偏应力绝对值与黏聚力之间则呈线性增长关系,主偏应力的绝对值与岩石内摩擦角之间呈曲线增长关系,通过巷道支护增大巷道周边破碎围岩的内摩擦角和提高岩体的黏聚力,这在一定程度上可遏制巷道远处深部围岩塑性区的产生和扩展。

2) 地应力的影响

在双向等压状态下,在邻近巷道表面的围岩中最小主应力 $\sigma_3 = 0$,则:

$$
\begin{cases}
s_1 = \left(\dfrac{1}{3} + \sqrt{2}\,\dfrac{r_0^2}{r^2}\right)\sigma_0 \\
s_3 = \left(\dfrac{1}{3} - \sqrt{2}\,\dfrac{r_0^2}{r^2}\right)\sigma_0
\end{cases}
\tag{3-57}
$$

地应力对主偏应力在巷道周边围岩中分布情况如图 3-51 所示(半径为 2 m 的圆形巷道)。可以看出,距离巷道越远,最大主偏应力迅速减小并趋于稳定,最小主偏应力迅速增大后趋于稳定;同时,地应力越大,主偏应力的初始值和稳定值越大。半径为 2 m 的圆形巷道,巷道周边 5 m 范围是主偏应力较大的区域,也是塑性区岩体极易破坏的区域。

3) 支护阻力的影响

支护强化围岩参数、改善围岩应力状态,不同形式的支护可以形成不同形状的支护-围岩共同承载体,控制巷道围岩的稳定[143]。在深部巷道围岩体中,最大主应力是由地应力及巷道开挖卸荷等因素共同决定的,支护结构在应力上的作用往往体现在最小主应力 σ_3 上,当围岩体中最大主应力一定时($\sigma_1 = 20$ MPa),支护结构对巷道围岩中偏应力的影响,如图 3-52 所示。

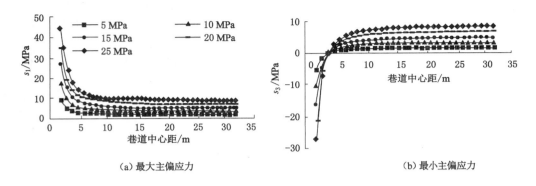

（a）最大主偏应力　　　　　　　　（b）最小主偏应力

图 3-51　主偏应力随地应力的变化关系

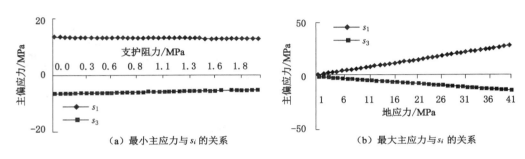

（a）最小主应力与 s_i 的关系　　　　　（b）最大主应力与 s_i 的关系

图 3-52　主应力与主偏应力的关系

可以看出,支护阻力越大,巷道围岩中主偏应力越小,巷道围岩的塑性区也就越小。从影响程度来看,主偏应力受支护阻力的影响较小,主要受地应力控制,其原因在于支护阻力相对于地应力非常小,对于塑性区的影响有限。但是,在巷道破碎区内围岩地应力卸载后,支护阻力对围岩变形仍有较大的控制作用;同时,支护-围岩承载共同体可以为更深部塑性区围岩提供一定的围压,以减小最大主偏应力,从而控制塑性区的快速扩展。

4）巷道断面的影响

巷道开挖后在周围形成局部应力场,巷道局部应力场是控制巷道围岩塑性区初始形态的主要因素。在双向等压条件下,不同形状巷道周边的主偏应力场分布如图 3-53 所示。

可以看出,在不同断面形状巷道表面上的偏应力较为集中,越往围岩深部,偏应力值逐渐减小。偏应力在不同形状巷道表面的集中区域和集中程度不同,在椭圆形巷道的长轴两端、矩形或梯形的尖角处,偏应力较为集中。不同巷道断面形状具有不同的初始塑性区形态:在应力较小时,巷道断面对塑性区形态有影响;而当应力达到一定程度后,巷道断面形状对塑性区的影响减弱。因此,巷道断面仅影响塑性区的初始形态,而塑性区的扩展及失稳过程中的演化形态主要受地应力控制。

总之,深部动压巷道围岩在高地应力作用下围岩岩性、支护阻力以及巷道原始断面对塑性区形态及扩展的影响较小,巷道围岩塑性区主要受高地应力控制。

3.5.2　巷道围岩塑性区演化规律

根据前面的分析可知,深部动压巷道由于岩石黏聚力 c 和内摩擦角 φ 较小,且地应力 σ_0

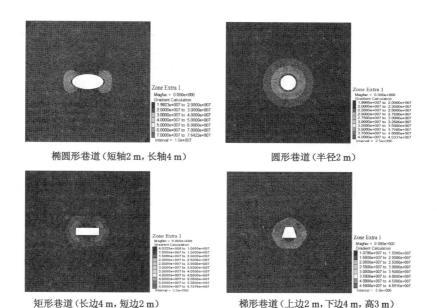

椭圆形巷道（短轴2 m，长轴4 m）　　　　　圆形巷道（半径2 m）

矩形巷道（长边4 m，短边2 m）　　　　梯形巷道（上边2 m，下边4 m，高3 m）

图 3-53　不同巷道主偏应力分布

较大，则巷道开挖后塑性区范围大，而且塑性区的演化形态主要受地应力控制。有研究表明[144]，远场应力差值决定塑性区形态，在不同的应力状态下圆形巷道塑性区演化过程可以分为三类：① 双向等压条件下圆形塑性区的均匀扩展；② 双向压差较小条件下的椭圆形塑性区快速扩展；③ 双向压差较大条件下的蝶形塑性区急剧扩展。塑性区的扩展形态及其扩展速度决定了支护的强度及支护形式。

3.5.2.1　塑性区扩展形态与扩展速度分析

假设塑性区内岩体尚且满足均质、连续条件。采用微元法将塑性区以巷道中心为圆心沿径向将围岩划分为多个塑性环，从内到外依次编号为 $1, 2, \cdots, n$。塑性环的宽度根据一定的比例划分。将椭圆形和蝶形塑性区分别划分为两个塑性环进行分析。根据连续性假设，塑性环 1 中的岩体最大主应力为 σ_{θ_1}，最小主应力为 0。塑性环 2 中岩体最大主应力 σ_{θ_2}，最小主应力为塑性环 1 提供的径向应力 σ_{r_1}。为分析塑性区扩展形态对塑性区扩展的影响，建立圆形和椭圆形力学模型如图 3-54 所示。

1）圆形塑性区（$\lambda = 1$）

圆形塑性区单元环的主偏应力分布如下：

$$\begin{cases} s_1^1 = \dfrac{2\sigma_0\left(1 + \dfrac{r_0^2}{r_1^2}\right)}{3} \\ s_1^2 = \dfrac{2\sigma_0\left(1 + \dfrac{r_0^2}{r_2^2}\right) - \sigma_0\left(1 - \dfrac{r_0^2}{r_1^2}\right)}{3} \end{cases} \tag{3-58}$$

如果将塑性环宽度划分适当，则塑性环 1 和 2 之间的交界可作为塑性区的内边界，而塑性环 2 可作为塑性区的外边界，即扩展边界。将塑性环 2 与塑性环 1 的主偏应力相比，则有：

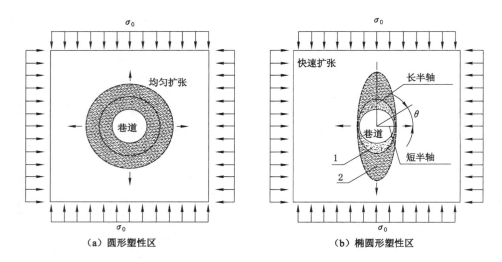

（a）圆形塑性区　　　　　　　　　**（b）椭圆形塑性区**

图 3-54　巷道塑性区演化力学模型

$$\frac{s_1^2}{s_1^1} = \frac{1}{2} + \left(\frac{r_1}{r_2}\right)^2 \frac{r_0^2}{r_1^2 + r_0^2} \tag{3-59}$$

由式（3-59）可以看出，当 r_1 趋于无穷大时，$s_1^2/s_1^1=1/2$；当 $r_1=r_2=r_0$ 时，$s_1^2/s_1^1=1$，则有 $1\geqslant s_1^2/s_1^1\geqslant1/2$。对于圆形巷道，深层围岩中的最大主偏应力大于邻近较浅围岩中的主偏应力。当 r_1 不变时，r_2 越大，s_1^2/s_1^1 越小，说明越往深部，围岩中的主偏应力越小，塑性区边界处于缓慢扩展状态。

2）椭圆形塑性区（$\lambda=2$）

在深部岩体多处于双向不等压状态，椭圆形和蝶形塑性区居多。对于椭圆形塑性区而言，圆形巷道应力解便不适用了。考虑到最大主应力与最大主偏应力之间呈线性关系，为简化分析采用椭圆长轴端的集中应力来分析塑性区边界的扩展规律较为合适。同样地，假设巷道围岩满足均质、连续的条件，采用平面问题处理，根据弹性力学可知，当 $\theta=0°$ 时，椭圆形孔口上的切向应力为：

$$\sigma_\varphi = \left(1+\frac{2b}{a}\right)\lambda\sigma_0 - \sigma_0 \tag{3-60}$$

式中，σ_φ 为椭圆巷道表面切向应力；a，b 分别为椭圆形巷道短半轴和长半轴；λ 为侧压系数。

不同侧压下椭圆巷道周边应力集中系数与巷道轴比之间的关系如图 3-55 所示。

可以看出，侧压系数越大，椭圆形塑性区的轴比越大，椭圆形塑性长轴端部应力就越集中。因此，在椭圆形塑性区初期轴比较小时，椭圆形塑性区缓慢扩展，当椭圆形塑性区轴比逐渐增大之后，塑性区则产生快速扩展。对于蝶形塑性区同样存在轴比越大塑性扩展速度越快的规律，在此不再赘述。

3.5.2.2　椭圆形和蝶形塑性区快速扩展机理

将塑性变形超过一定阈值的围岩体删去，可近似得到在双向不等压条件下（垂直应力等于零）的巷道塑性区边界的演化过程：圆形→椭圆形→长轴延长→长轴短轴共同延长（长轴扩展速度大于短轴扩展速度），如图 3-56 所示。

可以看出，巷道围岩塑性区的演化过程可以总结为：初始形态→扩展形态→失稳形态。

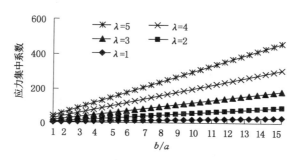

图 3-55 塑性区长轴端应力集中与轴比关系

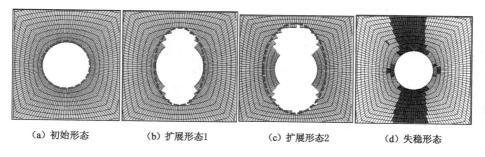

（a）初始形态　　（b）扩展形态1　　（c）扩展形态2　　（d）失稳形态

图 3-56 塑性区边界演化过程

其中,塑性区初始形态主要由巷道形状决定,而扩展形态则是由地应力控制为主,塑性区失稳形态是由地应力和塑性区轴比共同决定。在深部条件下,初始形态在开挖后迅速形成,随即演变到扩展形态,塑性区边界开始以蠕变扩展为主,随着轴比的不断增大,塑性区边界演变为快速扩展和急剧扩展的失稳形态,造成巷道失稳[145]。

在双向不等压加载条件下,巷道围岩塑性区非均匀扩展,围岩发生非均匀破坏,其原因在于塑性区半径在不同方向的扩展速度不同,从而造成圆形孔口逐渐变为椭圆形孔口。在相同的远场应力作用下,椭圆形塑性区长轴端应力集中程度越来越高。应力越集中又进一步加速了长轴端塑性区的扩展,椭圆形轴比进一步增大,椭圆孔口变得越发扁平。如果塑性区长轴延长足够的长度,塑性区长轴端则会出现如同裂纹尖端的奇异性,即应力无穷大,如此恶性循环是导致塑性区最终急剧扩展的主要原因。这就从力学结构上提供了一种巷道塑性区急剧扩展、发生冲击地压的解释。同理,蝶形塑性区可以看作两个交叉的椭圆形塑性区从逐渐到快速、再到急剧扩展的演化过程。该结论与文献[143]从塑性区最大半径 R_{max}、最大主应力 P_1 以及最小主应力 P_3 之间的关系提出的冲击地压猜想有相似之处。此外,塑性区的扩展速度还受围岩岩性、巷道形状、地应力大小以及支护结构的综合影响,但各影响因素的作用有所不同。岩性决定岩石进入塑性状态的阈值;巷道形状决定塑性区的初始形态;地应力是塑性区的主要驱动力;而支护结构主要控制破碎区岩体的变形,从而为巷道塑性边界岩体形成一定的围压,遏制塑性边界的快速扩展。

3.6 本章小结

本节采用复变函数理论对不同断面形状巷道周边的局部应力场进行了推导分析,主要得到如下结论:

(1)将侧压系数引入到椭圆形、圆形、矩形和正方形巷道局部应力场复变函数分析中,得到了包含侧压系数的巷道围岩应力弹性解。可以看出,侧压系数对巷道周边局部应力场具有直接的影响。

(2)根据对不同巷道及加载应力条件下的主偏应力场分析发现,无论是椭圆形巷道还是矩形巷道,巷道的长短轴之比越接近1,巷道周边的主偏应力值越小,巷道围岩越稳定,轴比越偏离1,巷道长轴端围岩就越容易破坏。

(3)在双向不等压条件下,随着主应力方向角逐渐增大,巷道周边的主偏应力值逐渐增大,夹角为15°~75°时,对最大主应力方向的影响较为明显,表现为主偏应力值快速增大。

(4)巷道初始断面形状决定了巷道初始应力场的集中情况,随着巷道围岩的变形破坏,巷道断面形状也随之而发生变化。在双向等压条件下,无论哪种断面形状的巷道,当其破坏范围达到一定程度后,巷道断面均近似圆形;在双向不等压条件下,巷道断面演化过程为:初始断面→椭圆形断面→矩形断面→蝶形断面,最终的有效断面形状仅与地应力相关。

(5)在回采巷道掘进过程中,在巷道掘进面后方的巷道断面上垂直应力在巷道顶、底板中出现垂直应力卸载环,在巷道两帮出现半翼形应力集中区,整个断面上应力卸载区和集中区形成一个蝶形垂直应力场。

(6)在巷道掘进过程中,距离巷道掘进面越远,巷道帮部垂直应力集中越大,越靠近掘进面垂直应力越小,但仍保持较原岩应力更大的集中应力。随着掘进面的推进,原掘进工作面上的集中应力向巷道两帮转移。

(7)对于深部岩体,其围岩强度是随时间变化的。在巷道掘出后一段时间,如掘-停期间,甚至更短的时间内,随着巷道围岩强度的弱化,围岩中的应力又开始重新调整。其中,垂直应力变化规律为:在掘进工作面前后或者工作面前方及采场的两侧垂直应力峰值点逐渐前移,同时应力峰值不断减小,集中范围逐渐增大。

(8)随着工作面的推进,基本顶会出现周期性的断裂,在巷道周边的局部应力场随之发生循环变化。另外,在一个周期内,随着工作面的推进,支承压力逐渐增加,直至基本顶破断,支承压力出现一个突然的卸载,进入到下一个周期当中。

(9)主偏应力是围岩产生塑性区的力学本质,它与围岩的黏聚力呈线性增长关系,与内摩擦角之间呈曲线增长关系。支护阻力对围岩中主偏应力的影响较小,地应力是塑性区扩展的内在驱动力,但支护-围岩共同体可以减小深层围岩主偏应力、延缓塑性区边界的扩展。

(10)根据塑性区形态可将巷道塑性区演化过程分为三个阶段:初始形态阶段、扩展形态阶段和失稳形态阶段。巷道形状决定塑性区初始形态,而地应力的大小和方向决定了塑性区的扩展和失稳形态。塑性区扩展速度总是先缓慢扩展,而在轴比变大后快速扩展。

(11)深部巷道失稳机制。巷道开挖后迅速进入以椭圆形和蝶形为主的扩展形态,随后塑性区长轴端应力集中,塑性区轴比将持续增大,进一步引起长轴端应力集中,最终造成塑性区边界沿塑性区长轴方向急剧扩展,导致巷道失稳。

4 深部动压巷道围岩变形破坏规律

深部动压巷道围岩处于多因素、多场耦合作用的复杂力学环境中,表现出特有的变形破坏特征。这些独特的变形特征往往是深部动压巷道围岩难以控制的主要原因。本章结合现场工程实际,对深部动压巷道围岩的变形破坏规律进行深入分析,为研究深部动压巷道围岩弱化机理和控制技术提供依据。

4.1 深部回采巷道工程概况

以平煤集团十矿 24130 区段保护层回采巷道为工程背景进行深部动压巷道围岩变形破坏规律的观测与分析。该回采巷道的原始支护为:W 钢带＋金属网＋锚杆＋锚索联合支护。具体支护参数为:顶板采用锚带网支护,锚杆 6 根,辅助 W 钢带和金属网支护。两帮采用锚网支护,两帮各 4 根锚杆。顶板和两帮锚杆间排距均为 800 mm×1 000 mm,在巷道帮角处的锚杆均倾斜 25°布置。巷道施工在顶板和两帮挂冷拔丝金属网,规格为 2 400 mm×1 200 mm,网间搭接 50～100 mm。过破碎带或构造带时对巷道顶、帮进行锚索加强支护,锚索规格为:$\phi 21.5 \times 7\ 300$ mm,采用五花布置。支护形式见图 4-1。

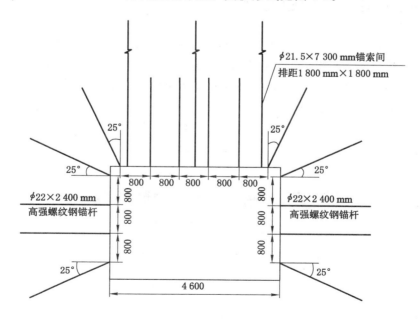

图 4-1 回采巷道支护形式

巷道开挖过程中已支护的巷道局部出现变形,但巷道变形量较小,且变形均匀,巷道整体断面保持较好,能够满足使用需求。在工作面回采时,工作面前方回采巷道受较高的超前支承压力影响出现大变形现象。尤其是在工作面前方 0～40 m 范围内的巷道变形极其严重,顶板下沉出现大量网兜、两帮内挤和底角鼓出等现象,严重影响回采巷道的安全使用。巷道局部大变形情况如图 4-2 所示。

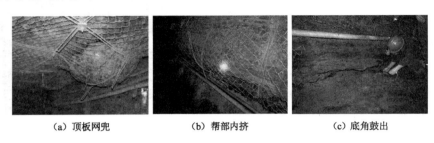

（a）顶板网兜　　　　　　　（b）帮部内挤　　　　　　　（c）底角鼓出

图 4-2　巷道局部变形情况

分析深部动压巷道围岩变形破坏特征需要科学、准确地获取一些现场监测数据。首先,采用"十字"测量法对巷道围岩在开挖后和工作面回采前后的变形情况进行定期监测,同时对巷道表面围岩破坏形态进行不定期观察,以获取深部动压巷道围岩的变形数据。然后,利用 CXK6 矿用本安型钻孔成像仪对动压巷道围岩内部的破坏情况进行现场探测,获取巷道围岩的破坏范围大小及形态等数据。最后,通过现场采集煤/岩体样本并在实验室进行点载荷试验初步测定其强度,为研究深部动压巷道围岩弱化规律提供初始依据。

4.2　回采巷道变形收敛监测

巷道变形监测主要是对巷道顶、底板移近量和两帮移近量进行定期测量,在巷道两帮和顶、底板中点采用锚钉各固定 1 个监测点,采用卷尺和铅垂线分别测量 4 个点之间的相对距离,经过计算即可得到巷道表面的收敛值,用以分析巷道两帮和顶、底板在掘进和回采扰动条件下的变形收敛速率、变形量大小。收敛速率可用于判断巷道围岩的变形趋势,变形量大小可为支护强度参数设计提供依据。"十字"监测法示意如图 4-3 所示。

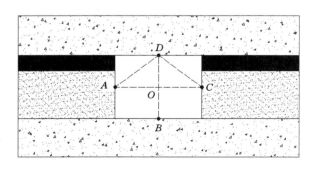

图 4-3　"十字"监测法示意图

4.2.1 掘进期间巷道变形监测

根据现场实际情况,在 24130 区段岩石保护层回采巷道开挖后随即进行巷道变形监测。总共设置了 3 个监测断面,监测断面间距为 20 m。每个断面监测 45 d,每天监测 1 次,巷道的收敛变形监测结果如图 4-4 所示。

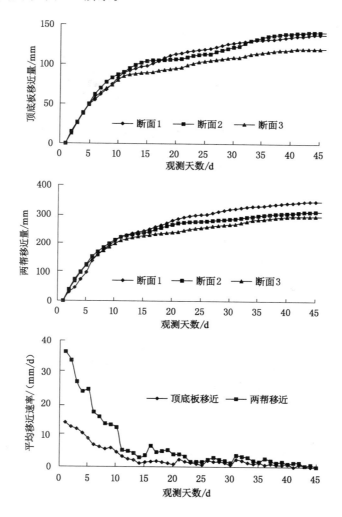

图 4-4　掘进期间巷道表面收敛变形监测结果

根据巷道顶、底板移近量的监测结果表明,在巷道掘出后 5~10 d,围岩的变形速度最快,顶、底板平均移近量约为 9.26 mm/d,两帮平均移近量为 22.87 mm/d。10 d 之后围岩收敛变形速度逐渐减小,在 40 d 左右巷道顶、底板和两帮的变形收敛基本趋于稳定,巷道的最大顶、底板移近量达到 141 mm。巷道两帮的最大移近量可达 345 mm,帮部变形量较大的原因主要是含有煤层,属于半煤岩巷;而变形主要是煤层的变形和部分岩体的变形。巷道整体上基本保持稳定,但开挖后时间越长,巷道围岩的流变变形不可避免。

4.2.2 回采期间巷道变形监测

由于回采期间巷道的变形量较大,对工作面前方回采巷道表面变形应提前监测。工作面回采期间巷道变形量较大。沿用掘进期间设置的 3 个监测断面,在超前工作面 120 m 时,开始监测回采期间巷道表面的变形,如图 4-5 所示。

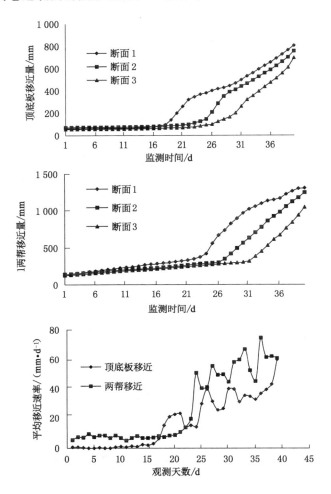

图 4-5　回采期间巷道表面变形收敛监测结果

根据巷道顶、底板监测结果可以看出,在工作面回采初期 1～20 d 内,由于监测断面距离工作面较远顶、底板移近量和两帮移近量基本没有太大变化。当超过 20 d 以后,监测断面 1 的顶、底板移近量和两帮移近量均出现了突然的增大;在 25 d 和 30 d 以后,监测断面 2 和 3 也出现了同样的变形情况,巷道顶、底板和两帮的收敛变形速率不能趋于稳定。考虑到工作面的推进速度,大致可以确定在工作面前方 0～40 m 范围内是采动影响区。对比巷道开挖和工作面回采期间巷道表面的收敛值可以看出,巷道出现大变形的主要阶段是在工作面回采扰动时,工作面回采形成的超前支承压力是影响回采巷道变形的主要因素之一。因此,有必要分析巷道开挖及回采过程中的应力扰动对煤/岩体的弱化机制进行分析。

4.3　深部动压巷道围岩破坏探测分析

深部动压巷道在开挖时径向应力卸载、切向应力集中,造成巷道围岩应力状态的改变和主应力方向旋转必然会引起围岩强度的弱化和破坏,加之工作面回采阶段超前支承压力的高应力扰动使得围岩变形破坏加剧。巷道围岩的破坏使得巷道实际悬空面积的增大和断面形状的改变,从而引起巷道围岩应力的继续转移和主应力方向的不断旋转,造成动压巷道的大变形和强流变等特点。由于深部工程环境极其复杂,在巷道开挖后巷道浅部破碎围岩的范围和分布特征也是千差万别的。同一条巷道在不同的位置其破碎区围岩范围相差很大,即使在同一断面,巷道围岩破碎区也是动态发展的。对于深部动压巷道围岩的破坏形式和范围可通过理论分析和数值模拟来整体把握,但还需通过现场探测的方法来进一步掌握动压巷道围岩的弱化规律。

4.3.1　钻孔窥视设备

采用CXK6矿用本安型钻孔成像仪对平煤集团十矿24130区段保护层回采巷道围岩内部破坏情况进行探测分析。CXK6矿用本安型钻孔成像仪可用于观测矿体矿脉厚度、倾向和倾角;观测和定量分析煤层等矿体走向、厚度、倾向、倾角,层内夹矸及岩层内的离层裂缝程度,断层裂隙产状及发育情况等,其主要构件见图4-6。

图 4-6　CXK6-Z 矿用本安型钻孔成像仪主要部件

CXK6矿用本安型钻孔成像仪系统由"井下"和"室内"两部分组成,如图4-7所示。

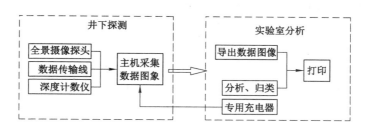

图 4-7　成像仪系统组成方框图

4.3.2　钻孔窥视方案设计

为进一步掌握受采动影响岩体的弱化规律,我们对平煤集团十矿24130区段保护层工作面在推进过程中回采巷道的围岩进行了探测,在24130工作面两回采巷道各设置了3个监测断面。其中,首个监测断面距离工作面 10 m,第二个监测断面距离工作面 40 m,最后一个监测断面距离工作面 100 m。每个监测断面顶板布置 3 个 $\phi42$ mm$\times10$ m 的窥视探测孔,两帮各布置 2 个,如图 4-8 和图 4-9 所示。

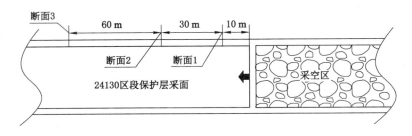

图 4-8　探测断面布置

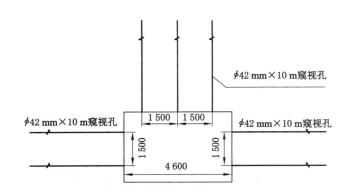

图 4-9　每个断面窥视孔位布置

根据窥视仪探测截图(每一幅截图对应的孔深大约为 30 cm)从裂隙形态的角度可将巷道围岩分为 5 类:① 横向裂隙,即裂隙长轴方向与钻孔轴向垂直发育的裂隙或裂隙群,如图 4-10(a)所示;② 纵向裂隙,即裂隙长轴方向与钻孔轴向方向平行发育的裂隙或裂隙群,如图 4-10(b)所示;③ 纵-横交错裂隙,即同时具有横向裂隙和纵向裂隙,且两类裂隙具有交集,如图 4-10(c)所示;④ 其他结构,即岩体没有裂隙的特征,以块状或者絮状出现的破碎岩体如图 4-10(d)所示;⑤ 无裂隙岩体,即没有明显裂隙或裂纹的完整岩体,如图 4-10(e)所示。

4.3.3　围岩内部破坏情况分析

从裂隙张开程度同样可将裂隙分为 5 类:① 过度张开裂隙,即张开宽度达到 5 mm 及以上的裂隙;② 张开裂隙,即张开宽度为 2～5 mm 的裂隙;③ 微裂隙,即张开宽度为大于 1 mm 且小于 2 mm 的裂隙;④ 裂纹,即张开宽度为小于 0.1～1 mm 的裂隙或裂纹;⑤ 微裂纹或无裂纹,裂纹面间距小于或等于 0.1 mm。根据裂隙产状和裂隙张开度两个方面进行岩体破碎度分级。在实际工程中,裂隙岩体张开度是岩体破碎程度的直接指标,以归一系数来表征岩体的破碎程度。岩体中裂隙的产状对岩体结构的影响较大,以权值的形式来表征破碎程度。评分值与归一系数及权值之积来综合表征岩体的破碎程度。裂隙张开度和裂隙产状的评分值、归一化系数和权值见表 4-1。岩体评分分类见表 4-2。

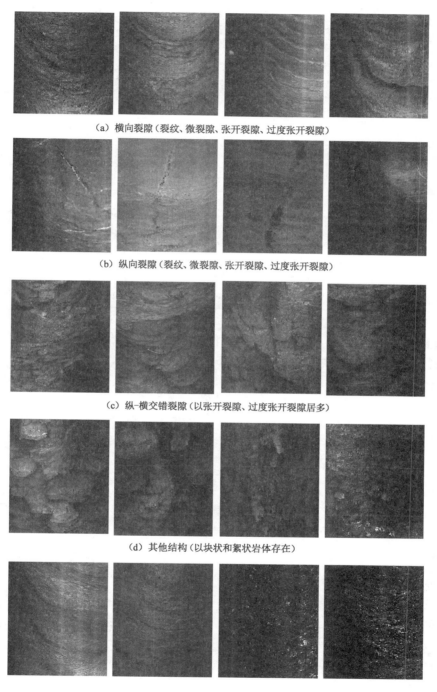

(a) 横向裂隙（裂纹、微裂隙、张开裂隙、过度张开裂隙）

(b) 纵向裂隙（裂纹、微裂隙、张开裂隙、过度张开裂隙）

(c) 纵-横交错裂隙（以张开裂隙、过度张开裂隙居多）

(d) 其他结构（以块状和絮状岩体存在）

(e) 完整岩体

图 4-10　巷道围岩内部典型岩体形态

表 4-1　裂隙岩体评分分类

张开度	裂隙产状						归一权值
		无裂隙	横向	纵向	纵-横	块/絮	
		1	0.5	0.5	0.25	0.1	
≤0.1 mm	100	100	50	50	25	10	10
0.1~1 mm	1~99	1~99	0.5~49.5	0.5~49.5	0.25~24.75	0.1~9.9	1~10
1~3 mm	0.5~1	0.5~1	0.25~0.5	0.25~0.5	0.125~0.25	0.05~0.1	0.1~1
3~5 mm	0.2~0.5	0.2~0.5	0.1~0.25	0.1~0.25	0.05~0.125	0.02~0.05	0.01~0.1
≥5 mm	0.2~0.01	0.2~0.01	0.1~0.005	0.1~0.005	0.05~0.002 5	0.02~0.001	0.0
归一系数		1	0.5	0.5	0.1	0.01	—

表 4-2　裂隙岩体破碎程度分类表

破碎程度	较完整	较破碎	破碎	极破碎
评分值	>80	50~80	10~50	<10

通过钻孔成像仪对 24130 区段保护层工作面回采巷道岩体进行探测,并参照表 4-1 和表 4-2 进行统计分析,其结果见表 4-3~表 4-5。

表 4-3　断面 1 围岩探测结果

探测位置	围岩情况				
	深度/m	裂隙类型	张开度/mm	评分值	围岩类型
顶板	0~5.8	块/絮状岩体	≥5	8	极破碎
	5.8~8.6	纵横交错裂隙	3~5	25	破碎
	8.6~9.5	横向裂隙居多	1~3	65	较破碎
	≥9.5	细小裂纹	0.1~1	85	较完整
左帮	0~6.5	块/絮状岩体有凹洞	≥5	6	极破碎
	6.5~7.8	纵横交错裂隙带	3~5	20	破碎
	7.8~9.8	横向裂隙	1~3	45	破碎
	≥9.8	纵向裂隙	1~3	65	较破碎
右帮	0~4.5	块/絮状岩体	≥5	6	极破碎
	4.5~6.4	纵横交错裂隙带	3~5	45	破碎
	6.4~7.4	纵/横向裂隙	0.1~1	83	较完整
	≥7.4	微裂纹	0.1~1	86	较完整

表 4-4　断面 2 围岩探测结果

探测位置	围岩情况				
	深度/m	裂隙类型	张开度/mm	评分值	围岩类型
断面 2 顶板	0～4.8	块/絮状岩体	≥5	9	极破碎
	4.8～5.6	纵横交错裂隙	3～5	36	破碎
	5.6～6.7	纵/横向裂隙	1～3	68	较破碎
	≥6.7	细小裂纹/微裂纹	0.1～1	86	较完整
断面 2 左帮	0～6.5	块/絮状岩体	≥5	7	极破碎
	6.5～7.8	纵横交错裂隙带	3～5	32	破碎
	7.8～8.2	横向裂隙	1～3	46	破碎
	≥8.2	纵向裂隙	0.1～1	81	较完整
断面 2 右帮	0～3.8	块/絮状岩体	≥5	9	极破碎
	3.8～5.8	纵横交错裂隙带	3～5	37	破碎
	5.8～6.5	横向裂隙	1～3	48	破碎
	≥6.5	细小裂纹/微裂纹	0.1～1	88	较完整

表 4-5　断面 3 围岩探测结果

探测位置	围岩情况				
	深度/m	裂隙类型	张开度/mm	评分值	围岩类型
断面 2 顶板	0～2.8	块状岩体	≥5	9	极破碎
	2.8～4.6	纵横交错裂隙带	3～5	38	破碎
	4.6～5.9	横向裂隙	1～3	75	较破碎
	≥5.9	微裂纹	0.1～1	88	较完整
断面 2 左帮	0～2.5	块状岩体	≥5	8	极破碎
	2.5～3.8	纵横交错裂隙带	3～5	35	破碎
	3.8～5.0	纵/横向裂隙	1～3	48	破碎
	≥5.0	微裂隙	0.1～1	84	较完整
断面 2 右帮	0～2.7	块/絮状岩体	≥5	9	极破碎
	2.7～3.6	纵横交错裂隙带	3～5	39	破碎
	3.6～4.5	横向裂隙	1～3	55	破碎
	≥4.5	微裂纹	0.1～1	89	较完整

根据围岩探测结果,将各窥视孔中破碎区深度采用平滑曲线连接起来,得到动压巷道围岩的破碎区范围。图 4-11 为距离工作面 10 m 的回采巷道破碎区范围。

由图 4-11 可以看出,回采巷道断面 1 处的破碎区范围较大,其破碎区形态呈非对称分布,巷道顶板破碎区深度大于底板,左帮破碎区深度大于右帮。其中,顶板最大破碎区深度为 9.431 m,左帮(靠近工作面一侧)破碎区深度为 9.825 m,右帮为 7.365 m,平均半径为 8.87 m。距离工作面 40 m 的断面 2 探测统计分析结果见表 4-4。围岩破碎区形态及大小

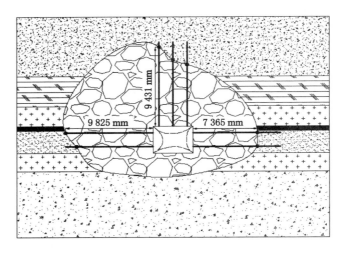

图 4-11 断面 1 破碎区形态及大小

如图 4-12 所示。

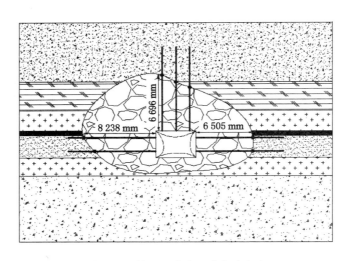

图 4-12 断面 2 破碎区形态及大小

由图 4-12 可以看出,巷道破碎区形态仍呈非对称分布,顶板和左帮破碎区深度较大,相比于断面 1,断面 2 的破碎区范围有所减小。断面 2 顶板的最大破碎深度为 6.696 m,左帮为 8.238 m,右帮为 6.505 m,平均值为 7.15 m。距离工作面 100 m 的断面 3 探测统计结果见表 4-5。围岩破碎区形态及大小如图 4-13 所示。

由图 4-13 可以看出,在距离工作面 100 m 处的巷道受采动影响较小,巷道的破碎范围小且破碎区形态分布也较为规则。巷道顶板围岩破碎区最大深度为 5.899 m,左帮深度为 5.000 m,右帮为 4.566 m,平均值为 5.16 m。巷道变形后的断面也较为规则。

综上所述,在工作面前方 0~40 m 范围内的岩体破碎较为严重,破碎区范围较大且形态极不规则,在距离工作面 100 m 左右的巷道围岩基本不受采动支承压力的影响,巷道破碎区范围小,分布也较为均匀。

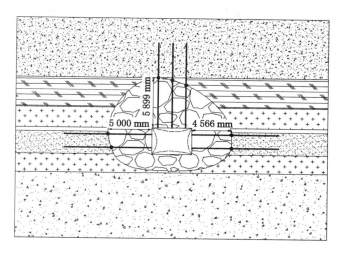

图 4-13　断面 2 破碎区形态及大小

4.4　深部动压巷道围岩点载荷试验分析

4.4.1　点载荷设备及其试验方法

为取得深部动压巷道围岩的强度参数,在现场采集煤/岩体进行点载荷试验,初步判定巷道围岩的强度。采用 ZN-Ⅳ型点载荷仪进行试验,其主要辅助设备有地质锤和最小分度值为 0.02 mm 的游标卡尺,见图 4-14。

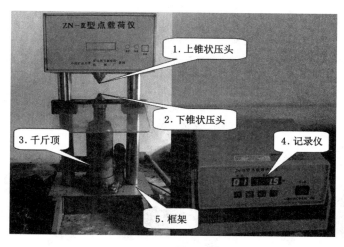

（a）点载荷主要构件

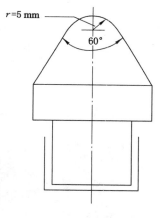

（b）点载荷锥头

图 4-14　ZN-Ⅳ型点载荷仪

根据《煤和岩石物理力学性质测定方法第 13 部分:煤和岩石点载荷强度指数测定方法》(GB/T 23561.13—2010)的规定,进行点载荷的试样条件为:① 现场采集不规则煤/岩块,置于点载荷仪两锥头间进行加载,不规则煤/岩块的厚度宜为 30~55 mm;加载两点间距与加载处平均宽度之比宜为 0.3~1.0,试件长度不应小于试样厚度。② 每组取 15~25 个试样,视含水状态和均质程度而定。③ 一般取自然含水状态试样,其他含水状态应说明情况。

4.4.2 点载荷强度指数计算方法

点载荷的强度指数计算公式为:

$$I_s = \frac{P}{D_e^2} \tag{4-1}$$

式中,I_s 为未经过修正的点载荷强度指数,MPa;P 为破坏载荷,N;D_e 为等价岩心直径,mm。

$$D_e^2 = \frac{4bD'}{\pi} \tag{4-2}$$

式中,b 为通过两加载点最小截面的平均宽度,mm;D' 为通过两加载点最小截面的平均长度,mm。

由于点载荷试验试件不规则,测得试样强度离散程度较高,需对每组试样点载荷强度指数取算数平均值:

$$\overline{I}_s = \frac{1}{n} \sum_{i=1}^{n} I_{s,i} \tag{4-3}$$

式中,$\overline{I}_s$ 为试件平均点荷载指数,MPa;$\overline{I}_{s,i}$ 为第 i 个试件点荷载指数,MPa;n 为一组试样的计算数量。当一组有效的试验数据不超过 15 个时,应舍去最高值和最低值,n 等于有效试验个数减 2;当一组有效试验数据超过 15 个时,可舍去前两个高值和后两个低值,n 等于有效试验个数减 4。

当加载两点间距不等于 50 mm,按式(4-4)和式(4-5)对点载荷强度指数进行修正:

$$I_{s(50)} = FI_s \tag{4-4}$$

$$F = \left(\frac{D_e}{50}\right)^m \tag{4-5}$$

式中,F 为修正系数;m 为修正指数,一般取 0.45。

4.4.3 点载荷试验及结果分析

根据以上点载荷试验办法对平煤集团十矿 24130 区段保护层回采巷道顶、底板和煤样进行点载荷试验,见图 4-15。经过对顶板 20 个试样、底板 18 个试样和 19 个煤样的点载荷试验,其结果见表 4-6 至表 4-8。

（a）岩样加载   （b）煤样加载

图 4-15　点载荷试验

表 4-6   顶板岩样点载荷试验结果

试验次数	破坏时上下锥端间距 D'/mm	通过两加载点最小截面宽度 b/mm	千斤顶读数/MPa	试件破坏载荷 P/N	等价岩心直径 D_e^2/mm	未经修正的点载荷强度指标 I_s/MPa	尺寸修正系数 F	经尺寸修正过后的强度指标 $I_\mathrm{s(50)}$/MPa
1	29	60	1.7	1 366.528	2 216.561	0.617	0.973	0.600
2	31	65	2.1	1 688.064	2 566.879	0.658	1.006	0.662
3	30	95	1.9	1 527.296	3 630.573	0.421	1.088	0.458
4	35	50	2.3	1 848.832	2 229.299	0.829	0.975	0.808
5	30	75	2.6	2 089.984	2 866.242	0.729	1.031	0.752
6	48	95	2.7	2 170.368	5 808.917	0.374	1.209	0.452
7	45	70	1.6	1 286.144	4 012.739	0.321	1.112	0.357
8	40	62	2.2	1 768.448	3 159.236	0.560	1.054	0.590
9	30	55	2.1	1 688.064	2 101.911	0.803	0.962	0.772
10	42	50	2	1 607.68	2 675.159	0.601	1.015	0.610
11	45	73	1.5	1 205.76	4 184.713	0.288	1.123	0.324
12	45	70	2.4	1 929.216	4 012.739	0.481	1.112	0.535
13	22	60	1.1	884.224	1 681.529	0.526	0.915	0.481
14	24	63	1.3	1 044.992	1 926.115	0.543	0.943	0.512
15	26	74	1.6	1 286.144	2 450.955	0.525	0.996	0.522
16	54	72	4.2	3 376.128	4 952.866	0.682	1.166	0.795
17	26	58	1.5	1 205.76	1 921.019	0.628	0.942	0.592
18	22	55	1.5	1 205.76	1 541.401	0.782	0.897	0.702
19	28	71	1.6	1 286.144	2 532.484	0.508	1.003	0.509
20	40	65	1.9	1 527.296	3 312.102	0.461	1.065	0.491

表 4-7   底板岩样点载荷试验结果

试验次数	破坏时上下锥端间距 D'/mm	通过两加载点最小截面宽度 b/mm	千斤顶读数/MPa	试件破坏载荷 P/N	等价岩心直径 D_e^2/mm	未经修正的点载荷强度指标 I_s/MPa	尺寸修正系数 F	经尺寸修正过后的强度指标 $I_\mathrm{s(50)}$/MPa
1	35	55	1.6	1 286.144	2 452.229	0.524	0.996	0.522
2	45	70	2.5	2 009.6	4 012.739	0.501	1.112	0.557
3	51	60	2.4	1 929.216	3 898.089	0.495	1.105	0.547
4	35	60	1.7	1 366.528	2 675.159	0.511	1.015	0.519
5	45	40	2.4	1 929.216	2 292.994	0.841	0.981	0.825
6	35	55	1.8	1 446.912	2 452.229	0.590	0.996	0.587
7	25	45	1.3	1 044.992	1 433.121	0.729	0.882	0.643
8	30	60	1.3	1 044.992	2 292.994	0.456	0.981	0.447
9	52	40	2.4	1 929.216	2 649.682	0.728	1.013	0.738

表 4-7（续）

试验次数	破坏时上下锥端间距 D'/mm	通过两加载点最小截面宽度 b/mm	千斤顶读数/MPa	试件破坏载荷 P/N	等价岩心直径 D_e^2/mm	未经修正的点载荷强度指标 I_s/MPa	尺寸修正系数 F	经尺寸修正过后的强度指标 $I_{s(50)}$/MPa
10	43	54	2.7	2 170.368	2 957.962	0.734	1.039	0.762
11	45	63	2.6	2 089.984	3 611.465	0.579	1.086	0.629
12	60	87	6.2	4 983.808	6 649.682	0.749	1.246	0.934
13	55	60	4.9	3 938.816	4 203.822	0.937	1.124	1.053
14	32	65	1.5	1 205.76	2 649.682	0.455	1.013	0.461
15	45	72	2.2	1 768.448	4 127.389	0.428	1.119	0.480
16	27	48	1.1	884.224	1 650.955	0.536	0.911	0.488
17	46	63	2.2	1 768.448	3 691.720	0.479	1.092	0.523
18	35	54	1.5	1 205.76	2 407.643	0.501	0.992	0.497

表 4-8 煤样点载荷试验结果

试验次数	破坏时上下锥端间距 D'/mm	通过两加载点最小截面宽度 b/mm	千斤顶读数/MPa	试件破坏载荷 P/N	等价岩心直径 D_e^2/mm	未经修正的点载荷强度指标 I_s/MPa	尺寸修正系数 F	经尺寸修正过后的强度指标 $I_{s(50)}$/MPa
1	45	50	2.2	1 768.448	2 866.242	0.617	1.031	0.636
2	35	60	1.3	1 044.992	2 675.159	0.391	1.015	0.397
3	35	50	1.2	964.608	2 229.299	0.433	0.975	0.422
4	50	60	1.8	1 446.912	3 821.656	0.379	1.100	0.417
5	52	65	2.6	2 089.984	4 305.732	0.485	1.130	0.549
6	49	80	1.2	964.608	4 993.631	0.193	1.168	0.226
7	40	60	1	803.84	3 057.325	0.263	1.046	0.275
8	51	75	2	1 607.68	4 872.611	0.330	1.162	0.383
9	54	75	1.3	1 044.992	5 159.236	0.203	1.177	0.238
10	40	75	2.5	2 009.6	3 821.656	0.526	1.100	0.579
11	55	90	2.1	1 688.064	6 305.732	0.268	1.231	0.330
12	56	98	2.1	1 688.064	6 991.083	0.241	1.260	0.304
13	46	50	1.4	1 125.376	2 929.936	0.384	1.036	0.398
14	60	80	2.3	1 848.832	6 114.650	0.302	1.223	0.370
15	35	60	1.7	1 366.528	2 675.159	0.511	1.015	0.519
16	55	67	2.3	1 848.832	4 694.268	0.394	1.152	0.454
17	55	50	1.6	1 286.144	3 503.185	0.367	1.079	0.396
18	40	60	1.4	1 125.376	3 057.325	0.368	1.046	0.385
19	65	70	3.7	2 974.208	5 796.178	0.513	1.208	0.620

对于岩石试样,通过点载荷试验的等效抗压强度和等效抗拉强度计算式:

$$R_c = 11.5\bar{I}_s \qquad\qquad (4\text{-}6)$$

$$R_t = 0.43\bar{I}_s \qquad\qquad (4\text{-}7)$$

24130 区段保护层回采巷道顶、底板岩石修正后的强度见表 4-9。

表 4-9 顶、底板岩石强度

试样 类别	未修正的 $\bar{I}_s$ /MPa	修正的 $\bar{I}_{s(50)}$ /MPa	未修正的 R_c/MPa	未修正的 R_t/MPa	修正的 R_c/MPa	修正的 R_t/MPa
顶板	0.594	0.605	6.831	0.255	6.958	0.260
底板	0.599	0.623	6.889	0.258	7.165	0.268
煤样	0.377	0.416	4.336	0.162	4.784	0.179

由表 4-9 可以看出,24130 区段保护层回采巷道的顶板岩体平均抗压强度为 6.958 MPa、抗拉强度为 0.260 MPa;底板岩体平均抗压强度为 7.165 MPa,抗拉强度为 0.268 MPa;煤体平均抗压强度为 4.784 MPa,抗拉强度为 0.179 MPa。第 2 章中砂岩试件和煤体试件的单轴抗压与抗拉强度相比小很多,说明深部回采巷道围岩在三轴高应力状态下开挖卸载后,围岩强度发生了较大程度的弱化,使得围岩极易发生变形破坏。

4.5 本章小结

根据对平煤集团十矿 24130 区段保护层回采巷道的监测结果发现,深部回采巷道围岩的变形破坏特征如下:

(1)深部回采巷道围岩的变形破坏过程具有明显的阶段性。巷道开挖期间,围岩初期变形速度快,一般持续 5~10 d,之后围岩变形逐渐趋于稳定。工作面回采期间,当回采巷道围岩进入采动影响区后,围岩变形量增大。顶、底板移近量超过 1 000 mm,两帮移近量超过 1 300 mm。变形速度加快,每天的变形量可达几十毫米,围岩持续变形,难以稳定。

(2)深部回采巷道的变形破坏范围在巷道开挖后。受采动影响之前,围岩破碎区较小,破碎区平均深度为 5.16 m,破碎区形态较为规则;受采动影响时,巷道围岩破碎区范围显著增大,距离工作面 10 m 处回采巷道围岩破碎区平均深度为 8.87 m,距离工作面 40 m 处的破碎区平均深度为 7.15 m。采动影响区内围岩破碎区形态呈现出明显的非对称性,在靠近工作面一侧的顶、底板和帮部破碎区深度往往较大。

(3)相比于第 2 章中砂岩试件和煤体试件的单轴抗压与抗拉强度,深部回采巷道围岩经历了三轴高压应力状态,巷道开挖围压卸载以及在采动应力作用下的单轴或双轴加载过程,其围岩强度出现了不同程度的弱化。根据对 24130 区段保护层回采巷道煤/岩体点载荷试验发现,深部回采巷道围岩的抗压和抗拉强度均较低,这也是造成深部回采巷道出现大变形的原因之一。

5 深部动压巷道围岩控制原理及支护技术

5.1 裂隙岩体锚固机理试验分析

一般情况下,支护结构难以抵抗深部强大的地应力,巷道围岩中塑性区较大,较大范围塑性区的发展是深部巷道出现大变形的本质。围岩塑性区内围岩多为裂隙岩体,为保证巷道的安全使用,必须采用合理的支护结构控制塑性区内裂隙岩体的破坏失稳。巷道支护多使用锚杆,其作用范围基本处于围岩塑性区之内的裂隙岩体。由于破碎区岩体在开裂和变形过程中释放了大部分弹性能,锚杆、锚索等支护结构能够控制其进一步的变形破坏,因此本节结合理论分析、实验室试验和数值模拟的方法,对裂隙岩体的变形破坏及锚固作用机理进行深入探讨。

5.1.1 主控裂纹概念的提出

根据裂纹扩展与试件破坏之间的关系,观察并总结了多组试验结果,最终提出主控裂纹的概念:贯通整个试件,使试件失去最大承载力的一条或一组贯通性裂纹。主控裂纹的贯通直接导致了试件峰值强度的降低,主控裂纹贯通路径上岩体的强度和主控裂纹本身的强度是决定试件峰值强度的关键。处于主控裂纹贯通路径上的预制裂隙即为主控裂隙,主控裂隙控制和引导了主控裂纹的扩展路径。主控裂纹贯通后试件失去峰值强度进入强度弱化阶段,原主控裂纹和强度弱化阶段新产生的裂纹构成了次主控裂纹,即在试件的残余强度阶段对试件残余强度起控制作用的裂纹称为次主控裂纹。同样地,次主控裂纹扩展路径上岩体的强度和裂纹本身的强度决定了试件的残余强度。

5.1.2 无锚及加锚裂隙试件的制作及加载

采用自制的钢质模具制备试件,试件净尺寸为 280 mm×185 mm×40 mm。采用铁片预制裂隙闭合穿透型裂纹,裂隙尺寸为 50 mm×20 mm×0.5 mm,裂隙倾角均为 45°。在模具两侧设置小圆孔,用于安装锚杆,锚杆选用 GFRP 全螺纹筋材,尺寸为 $\phi 4.0×200$ mm。为避免钻孔对试件强度的扰动影响,自裂隙两侧预埋锚杆模拟全长砂浆锚固锚杆。采用 C32.5 的普通硅酸盐水泥,自来水以及粒径为 0~0.84 mm 的黄沙配制试件,材料配比水∶水泥∶沙子=1∶2.5∶4.5。为消除偶然因素对试件结果的影响,每组试件制备 3 个,浇筑好试件 7 h 后拔出铁片,试件在常温且湿度大于 90% 的条件下养护超过 28 d 后再进行加载试验。制作试件模具尺寸及锚杆、裂隙布置方式见图 5-1。

采用高精度的 RMT-150 岩石力学试验机进行单轴加载,该试验机刚度大于 5 G/m,能够保证试验加载的稳定性和可靠性。剪切变形误差不超过 ±0.5%,垂直和横向位移误差不超过 ±0.1%,应力误差不超过 ±0.2%,试验机如图 5-2 所示。

图 5-1　试验模具及锚杆、裂隙布置方式

图 5-2　RMT-150 岩石三轴试验机

将试件受压两端打磨平整并加垫,涂抹黄油的橡胶垫可减小端部效应的影响。采用位移加载,加载速度为 0.01 mm/s,加载过程中对试件的纵向载荷、位移以及横向位移(通过千分表)进行监测,绘制出试件的全应力-应变曲线。加载过程中试验机自动监测试件的轴向的应力和应变,采用数码相机拍摄裂纹的扩展、贯通过程,同时对加载过程中的声发射进行采集。

5.1.3　单裂隙试件破坏规律及其锚固机理

关于裂隙试件的变形破坏规律以及锚固强化作用机理有众多专家学者有过深入的研究,但研究范畴主要集中在细观尺度上。例如,赵延林(Y. L. Zhao)等[146]通过压剪条件下雁形裂纹类岩体的流变断裂试验及类岩石裂纹的亚临界扩展试验,构建了多种破坏机制下的流变断裂模型。此外,提出了主控岩桥贯通模式的概念,建立了高水压和高远场应力条件下的翼型裂纹模型,并对类岩体的翼型断裂进行了数值模拟。Wong 等[147]发现试件三维表面裂纹的贯通机制受到侧压影响,在侧压较大时试件会产生压裂纹;裂隙岩体加锚后,其应力场分布和试件本构关系较为复杂。杨延毅[148]采用等效抹平法建立了加固演化方程和得到了加锚岩体的本构关系,推导出了锚杆的等效桥联应力和止裂增韧指标;李术才等[149]根据突变理论建立了加锚节理面分支裂纹扩展的突变模型,并进行了加锚断续节理岩体单轴拉伸试验。锚固机理也是集中在对裂隙尖端应力强度因子的改变及对试件整体表观力学参数的强化作用。例如,蒲成志等[150]、黎立云等[151]、车法星等[152]通过对含多组裂隙水泥试件的单轴和双轴试验发现,预制裂隙倾角和裂隙密度对裂隙岩体的强度、等效强度、等效弹模以及泊松比影响明显,且裂隙倾角的影响更大;杨圣奇(S. Q. Yang)[153]通过对脆性砂岩试样的单轴试验,并得到了断续三裂隙砂岩试件宏观变形破坏与裂纹扩展之间的关系。

对于裂隙岩体,主控裂纹的形成和发展受到预制裂纹产状的影响,如裂隙倾角、裂隙长度和裂隙张开度等因素的影响。有研究表明,锚杆能在一定程度上限制裂隙的起裂和扩展[154],能够限制主控裂纹的快速形成和失稳扩展,从而提高裂隙岩体的强度和抗变形能力。为分析主控裂纹与裂隙试件损伤演化之间的关系以及锚杆对主控裂纹的作用机理,制作了一批单裂隙试件和加锚裂隙试件,裂隙倾角分别预制为:15°、30°、45°、60°和75°。通过预埋 $\phi 4.0 \times 200$ mm 的玻璃纤维锚杆(GFRP)的方式模拟全长锚固锚杆。然后,对无锚和加锚裂隙试件进行单轴加载破断试验,如图 5-3 所示。

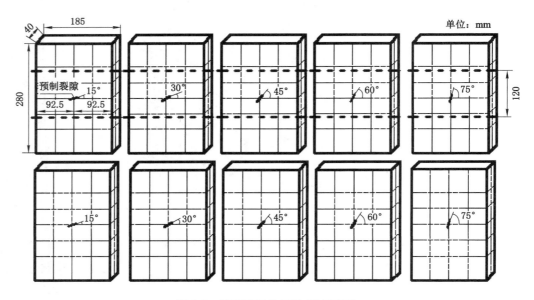

图 5-3 单裂隙试件加锚/无锚布置

5.1.3.1 单裂隙试件主控裂纹扩展-贯通规律分析

根据试验方案对无锚裂隙试件和加锚裂隙试件分别进行单轴压缩试验,对倾角裂隙岩体加载后的产生裂纹分布进行素描,得到无锚和加锚裂隙实验组最终裂隙分布,如图 5-4 和图 5-5 所示。

试验发现裂隙试件加载过程中次生裂纹起裂顺序为:翼型裂纹起裂、扩展→反翼裂纹起裂、扩展(如果存在)→分支裂纹起裂、扩展。在次生裂纹累积到一定程度后,会出现一条或几条较大的贯通性裂纹,造成试件破坏。根据主控裂纹的概念,这些较大的贯通性裂纹就是主控裂纹。

无锚裂隙试件加载后,次生裂纹的产生和扩展路径受预制裂隙影响较为明显。裂隙倾

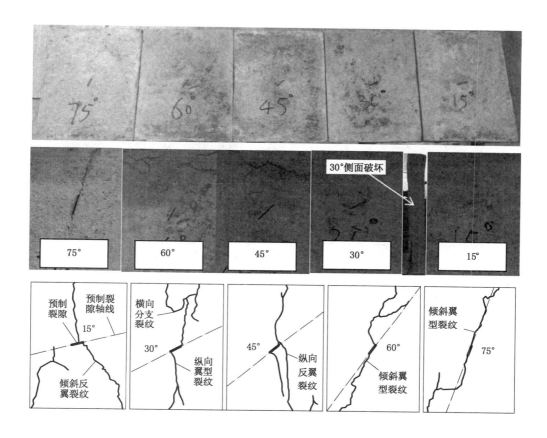

图 5-4　无锚裂隙试件试验结果

角为 60°和 75°的试件在加载后,在预制裂隙上、下尖端形成翼型裂纹起裂、扩展,基本沿着预制裂隙轴线方向倾斜扩展至试件上、下端部。裂隙倾角为 45°和 15°的试件在加载过程中产生了反翼裂纹,沿着预制裂隙轴线呈较大夹角扩展至试件下端部。在 15°试件中出现了裂隙两侧而非裂隙尖端的裂纹起裂,并在近似垂直方向扩展至试件上端面。在 30°试件中出现局部横向扩展的次生裂纹,随后向上扩展至试件上端面。

根据主控裂纹扩展路径与预制裂隙轴线方向之间的关系可以看出,无锚裂隙试件主控裂纹扩展受预制裂隙控制程度较高,预制裂隙倾角越大,加载后主控裂纹扩展路径与预制裂隙轴线方向越接近,主控裂纹以倾斜扩展为主。裂隙倾角越小,试件受预制裂隙控制程度减弱,主控裂纹的扩展方向与预制裂隙轴线方向夹角越大,分支裂纹相对较多,局部出现纵向和横向裂纹扩展。整体来看,无锚试件加载过程中裂隙试件主控裂纹扩展路径相对单一。大倾角裂隙试件主控裂纹为以倾斜贯通为主,小倾角裂隙试件以纵向-倾斜和纵向-局部横向贯通为主。主控裂纹分支较少,整体路径较短,裂隙试件也越容易破坏。

加锚裂隙试件在加载后,翼型裂纹逐渐起裂、扩展,然后是反翼裂纹和分支裂纹起裂、扩展。所有加锚试件均表现为主控裂纹在试件一端分支裂纹较少而另一端分支裂纹较多的扩展、贯通特征。其中,15°、30°和 75°裂隙试件的上部分支裂纹较少,下部分支裂纹较多,45°

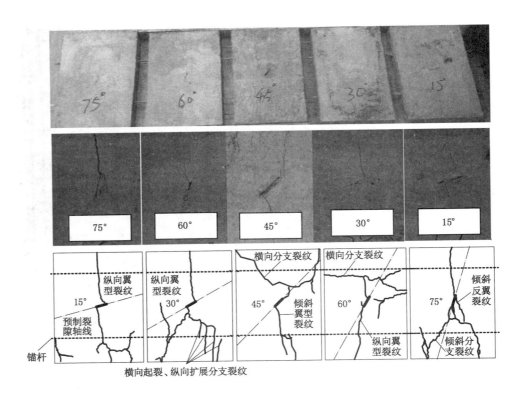

图 5-5　加锚试件试验结果

和 60°裂隙试件上部分支裂纹较多,下部分支裂纹较少。裂纹在横向、倾斜和纵向方向上均有扩展,分支裂纹的数量和扩展程度均比无锚试件要多;同时,主控裂纹的扩展方向与预制裂隙轴线相关性减小(60°和 75°试件尤为明显),说明锚杆削弱了预制裂隙对主控裂纹快速贯通的引导作用,改变主控裂纹扩展方向和贯通路径,使主控裂纹贯通方向更多、贯通路径更长,锚杆对试件主控裂纹的形成和快速扩展-贯通具有一定的抑制作用。

5.1.3.2　加锚和无锚裂隙试件强度分析

加载过程中裂隙试件应力-应变曲线如图 5-6 所示。无锚裂隙试件加载过程,根据应力变化可分为 4 个阶段:缓慢增加阶段、线性增加阶段、减速增加阶段和快速减小阶段。在加载过程中,无锚裂隙试件应变在$(0\sim2.7)\times10^{-3}$范围内时,试件强度均缓慢增加;应变在$(2.7\sim5.3)\times10^{-3}$范围内时,裂隙试件强度近似呈线性增加;试件应变在$(5.3\sim6.3)\times10^{-3}$范围内时,裂隙试件强度减速增加;当应变在$(6.3\sim10.6)\times10^{-3}$范围内时,裂隙试件应力快速衰减,试件破坏。

加锚裂隙试件的加载过程也有具有 4 个阶段:缓慢增加阶段、线性增加阶段、减速增加阶段和缓慢减小阶段。在试件强度缓慢增加阶段,应变相对较小,为$(0\sim1.7)\times10^{-3}$;在线性增加阶段,应变范围为$(1.7\sim4.3)\times10^{-3}$;在试件强度减速增加阶段,应变范围为$(4.3\sim5.3)\times10^{-3}$。在峰值强度后试件强度呈缓慢减小,甚至在应变达到$14.1\times10^{-3}$时试件也没有完全失去承载能力。在裂隙试件峰值强度前,相同的加载速率条件下加锚试件的强度增加更快。在峰值强度之后,无锚裂隙试件强度急剧减小,试件在峰值强度后破坏很快,试件

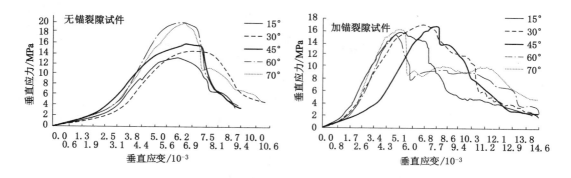

图 5-6　单裂隙类岩体试件应力-应变曲线

主控裂纹迅速贯通,而加锚裂隙试件强度是逐渐减小的,主控裂纹呈现缓慢扩展贯通特征。

　　为分析锚杆对加锚和无锚裂隙试件各阶段强度的影响以峰前平均强度,峰值强度和峰后平均强度 3 个指标进行分析。加锚和无锚单裂隙试件在各阶段的强度均值及持续时间均值见表 5-1。

表 5-1　加锚和无锚裂隙试件强度统计

裂隙试件	裂隙角/(°)	峰前平均强度/MPa	峰前加载时间/s	峰值强度/MPa	峰后平均强度/MPa	峰后持续时间/s
无锚试件	15	5.55	157	13.24	9.06	73
	30	6.09	178	15.90	9.07	96
	45	7.47	169	14.56	9.12	70
	60	8.16	165	20.13	10.57	69
	75	7.83	167	19.93	10.42	94
均值	—	7.02	167.2	16.75	9.65	80.4
加锚试件	15	7.52	139	15.93	6.83	139
	30	8.70	179	17.04	8.31	178
	45	6.94	132	15.30	7.10	201
	60	6.20	201	16.90	8.07	131
	75	6.96	134	16.23	8.92	133
均值	—	7.26	157	16.28	7.85	156.4

$$\overline{\sigma}_{峰前} = \frac{1}{t_1} \sum_{i=1}^{t_1} \sigma_i \tag{5-1}$$

$$\overline{\sigma}_{峰后} = \frac{1}{t_2 - t_1 - 1} \sum_{i=1}^{t_2} \sigma_i \tag{5-2}$$

式中,$\overline{\sigma}_{峰前}$ 为峰前平均强度,MPa;i 为应力记录次数;t_1 表示在试件达到峰值强度的前一个时间节点;t_2 表示试件破坏时的一个时间节点。实际上,每记录一次的时间为 0.5 s,可根据峰前持续时间和峰后持续时间来得到记录次数,从而得到峰前平均强度值和峰后平均强度值。

由表5-1可知,无锚和加锚裂隙试件的峰前平均强度分别为7.02 MPa和7.26 MPa,峰值强度分别为16.75 MPa和16.28 MPa,峰后平均强度分别为9.65 MPa和7.85 MPa。裂隙试件加锚后峰前平均强度提高了0.24 MPa,峰值强度减小了0.47 MPa,峰后平均强度减小了1.8 MPa。无锚试件从0 MPa加载至峰值强度的平均时间为167.2 s,加锚试件加载至峰值强度的平均时间为157 s,二者相差10.2 s。超过峰值强度后,试件能够持续的试件分别为80.4 s和156.4 s,二者相差达到76 s。

可以看出,锚杆对于不同倾角单裂隙试件的峰前平均强度有一定提高,但增幅很小,而加锚后裂隙试件峰值强度略有减小。峰后平均强度也有一定减小。但是,加锚裂隙试件峰后持续时间平均值比无锚裂隙试件长76 s(记录142次)。如果将无锚裂隙试件峰后强度除以加锚裂隙试件峰后的记录得到无锚裂隙试件峰后的等效平均强度分别为4.73 MPa、5.03 MPa、3.18 MPa、5.73 MPa和7.44 MPa,均值为5.345 MPa,相比加锚试件峰后平均强度小了2.501 MPa。以上说明锚杆对裂隙试件峰前强度和峰值强度没有明显的影响,锚杆能够有效提高试件峰后强度的持续时间,在相同的持续时间条件下,加锚裂隙试件峰后等效平均强度更高。

5.1.3.3　加锚和无锚裂隙试件能量释放分析

在裂隙试件加载过程中损伤逐渐累积使得次生裂纹扩展、贯通,形成主控裂纹,而主控裂纹的形成必定是裂隙试件集中损伤的结果。裂隙试件损伤,裂纹起裂、扩展和贯通均会产生声波信号。通过声发射监测可以捕捉到这些细微的能量变化。从而间接反应裂隙试件的损伤、起裂以及主控裂纹的演化规律。图5-7为无锚和加锚裂隙试件加载过程中的声发射监测结果。

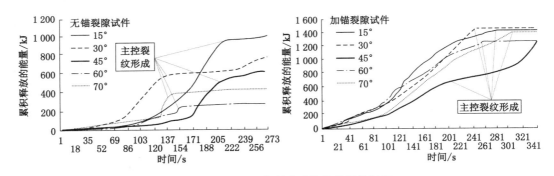

图 5-7　加载过程中裂隙试件能量释放过程

可以看出,无锚裂隙试件中,裂隙倾角为15°试件释放的能量呈指数-线性增长,在0~221 s时间段内表现为指数增长,增幅为945.46 kJ。在221 s后出现线性平缓增长,累积释放总能量1 010.64 kJ。裂隙倾角为30°试件释放的能量呈现"台阶式"增长,在0~136 s时间段内表现为指数增长,增幅为565.80 kJ;在136~231 s出现缓慢增长,增幅为78.20 kJ;在231 s之后,又出现快速增长的趋势,累积释放总能量777.202 kJ。裂隙倾角为45°试件释放的能量在0~173 s内缓慢增长,增幅为141.70 kJ;在173~213 s出现快速增长,增幅为366.817 kJ;加载至213 s之后,又逐渐缓慢增长,累积释放总能量617.013 kJ。裂隙倾角为60°试件释放的能量在0~154 s出现缓慢增长,增幅为170.68 kJ;在154~160 s;出现短暂的激增,增幅为

78.754 kJ；在160 s之后趋于平缓，累积释放总能量277.424 kJ。裂隙倾角为75°试件释放的能量在0～132 s出现内缓慢增长，增幅为141.45 kJ；在132～145 s，同样出现短暂的激增，增幅达144.89 kJ；在145 s之后，释放的能量又变为缓慢增长，累积释放总能量429.46 kJ。

不同倾角预制裂隙的无锚裂隙试件，在加载过程中的能量释放规律具有较大差异，但从整体来看仍具有一定的共性，即能量的释放具有一定的突变性。因此，可将无锚试件能量释放过程划分为缓慢增长和快速增长两个阶段，而能量释放的这两个阶段在加载过程中交替出现。如果将主控裂纹的形成看作次生裂纹的质变，那么能量释放的缓慢增长阶段就是次生裂纹量变的过程。在缓慢增长阶段内裂隙试件损伤，微裂纹起裂、扩展，能量逐渐缓慢释放，当达到一定程度后，微裂纹出现快速、集中贯通形成主控裂纹，进入能量释放的快速增长阶段。主控裂纹的形成过程也是能量集中释放的过程，在释放能量快速增长阶段主控裂纹形成并扩展，随后裂隙试件释放的能量又进入下一个缓慢增长阶段，如此循环往复直至试件破坏。根据试件自身的差异性，在加载至试件破坏过程中可能形成一次主控裂纹试件就破坏，如45°、60°和75°裂隙试件；还有可能出现两次甚至更多的主控裂纹试件才破坏，如15°和30°裂隙试件。整体来看，裂隙倾角较小的试件主控裂纹形成次数较多，释放的总能量也更多，这与无锚裂隙试件主控裂纹分布特征相吻合。结合主控裂纹的形成和贯通规律，可将声发射能量剧增作为判断裂隙试件主控裂纹形成、扩展和贯通的重要标准。

在加锚裂隙试件中，所有裂隙试件能量释放没有明显的突变现象，均呈现出非线性逐渐增大的趋势，累积释放的总能量分别为（以裂隙倾角从小到大为序）1 425.96 kJ、1 255.4 kJ、1 450.972 kJ、1 265.34 kJ和1 391.7 kJ。相比无锚裂隙试件，加锚裂隙试件能量释放过程相对均匀，且释放的总能量较多。以上说明，对裂隙试件加锚后，试件加载过程中发生了更大范围的损伤和微裂纹起裂、扩展，但这种损伤和劣化在试件整体上分布更均匀，避免了局部主控裂纹快速贯通而导致的试件快速破坏。加锚裂隙试件主控裂纹的形成是一个逐渐的过程，加锚裂隙试件加载过程中主控裂纹的扩展路径更多，贯通路程更长。因此，锚杆可以遏制主控裂纹的突然形成和快速扩展，使试件主控裂纹呈稳态变化。

在实际工程中，主控裂纹的快速形成和贯通往往造成岩体突然失稳，从而造成人员伤亡。锚杆具有遏制主控裂纹快速形成、扩展和贯通的作用，迫使岩体中产生大范围的微裂隙，逐渐汇聚形成多路径和长距离的多条主控裂纹，从而使岩体释放出更多的弹性能，使围岩逐渐均匀变形，这样更有利于控制巷道围岩稳定。

通过以上分析发现，声发射试验结果中能量的释放与试件变形过程中主控裂纹之间密切相关，可将能量释率的增大作为判断裂隙试件主控裂纹是否形成的重要标志。裂隙试件的损伤演化分为主控裂纹形成前的损伤累积阶段和主控裂纹形成后的演化扩展阶段，而主控裂纹可作为研究裂隙试件损伤演化的一个重要指标。

5.1.3.4　裂隙试件损伤演化分析

基于前面的试验分析，拟采用加载过程的能量释放进行裂隙试件单轴加载损伤演化分析。根据热力学原理，连续介质力材料本构关系必须满足 Clausius-Duhamel 不等式[155]：

$$\sigma_{ij}\frac{\mathrm{d}\varepsilon_{ij}}{\mathrm{d}t}-\frac{\mathrm{d}\psi}{\mathrm{d}t}\geqslant 0 \tag{5-3}$$

式中，σ_{ij} 为应力张量；ε_{ij} 为应变张量；ψ 为自由能密度函数，$\psi=\psi(\varepsilon_{ij},D_i)$；$D_i$ 为损伤度。

对式(5-3)的时间求导，可得：

$$\frac{\mathrm{d}\psi}{\mathrm{d}t} = \frac{\partial \psi}{\partial \varepsilon_{ij}} \frac{\mathrm{d}\varepsilon_{ij}}{\mathrm{d}t} + \frac{\partial \psi}{\partial D_i} \frac{\mathrm{d}D_i}{\mathrm{d}t} \tag{5-4}$$

将式(5-4)代入式(5-3),可得:

$$\left(\sigma_{ij} - \frac{\partial \psi}{\partial \varepsilon_{ij}}\right) \frac{\mathrm{d}\varepsilon_{ij}}{\mathrm{d}t} - \frac{\partial \psi}{\partial D_i} \frac{\mathrm{d}D_i}{\mathrm{d}t} \geqslant 0 \tag{5-5}$$

对于任意的 $\dfrac{\mathrm{d}\varepsilon_{ij}}{\mathrm{d}t}$,式(5-5)均成立,其系数必为零,则:

$$\sigma_{ij} = \frac{\partial \psi}{\partial \varepsilon_{ij}} = 0 \tag{5-6}$$

令 $Y = -\dfrac{\partial \psi}{\partial D_i}$,则式(5-5)变为:

$$Y \frac{\mathrm{d}D_i}{\mathrm{d}t} \geqslant 0 \tag{5-7}$$

$Y\dot{D}_i$ 为材料的损伤耗散功率。根据能量守恒定理,裂隙试件损伤耗散功率必然与裂隙试件的能量释放率之间存在:

$$Y \frac{\mathrm{d}D_i}{\mathrm{d}t} = \eta \frac{\mathrm{d}W}{\mathrm{d}t} \tag{5-8}$$

式中,η 为裂隙试件损伤耗散功率与声发射能量释放率之间的相关性系数。

对式(5-8)两边进行积分变换后,可得:

$$Y = \eta \frac{W}{D_i} \tag{5-9}$$

在试件加载过程中,试件的损伤及其耗散功、声发射能量释放率均是不可逆过程,则 $D_i \geqslant 0$,$Y \geqslant 0$,$W \geqslant 0$。

根据不可逆热力学理论和连续损伤力学,将式(5-6)和式(5-7)代入自由能密度 $\psi(\varepsilon_{ij}, D_i)$ 的泰勒展开式中,取其二次项和 D_i 的 N 次截断式:

$$\psi(\varepsilon_{ij}, D_i) = \psi_0 + \sum_{n=1}^{N} C^{(n)} D_i^n + \sum_{n=1}^{N} B^{(n)} \varepsilon_{ij} D_i^n + \frac{1}{2} \sum_{n=1}^{N} A_{ijkl}^{(n)} \varepsilon_{ij} \varepsilon_{kl} D_i^n \tag{5-10}$$

式中,$C^{(n)}$ 为标量值系数;$A_{ijkl}^{(n)}$ 为四阶张量值系数。

经过变换得到损伤本构方程和损伤应变能释放率分别为:

$$\sigma_{ij} = 2\mu_\mathrm{L} \varepsilon_{ij} \left[1 - \sum_{n=1}^{N} \beta^n D_i^n\right] + \lambda_\mathrm{L} \varepsilon_{kk} \delta_{ij} \left[1 - \sum_{n=1}^{N} \alpha^{(n)} D_i^n\right] \tag{5-11}$$

$$Y = \frac{1}{2} \lambda_\mathrm{L} \sum_{n=1}^{N} \alpha^n n D_i^{n-1} \varepsilon_{kk}^2 + \mu_\mathrm{L} \sum_{n=1}^{N} \beta^n n D_i^{n-1} \varepsilon_{ij}^2 \tag{5-12}$$

式中,Y 为损伤应变能释放率;λ_L 和 μ_L 为 Lame 弹性常数,$\lambda_\mathrm{L} = \dfrac{\mu E}{(1+\mu)(1-2\mu)}$,$\mu_\mathrm{L} = \dfrac{E}{2(1+\mu)}$;$\mu$ 为泊松比;α^n 和 β^n 均为无量纲系数;δ_{ij} 为 Kronecher 张量,即 $\delta_{ij} = \begin{cases} 0, & i = j \\ 1, & i \neq j \end{cases}$。

由式(5-9)和式(5-12)可得裂隙试件累积释放能量与试件损伤之间的关系式:

$$W = \frac{1}{\eta} \left[\frac{1}{2} \lambda_\mathrm{L} \sum_{n=1}^{N} \alpha^n n D_i^n \varepsilon_{kk}^2 + \mu_\mathrm{L} \sum_{n=1}^{N} \beta^n n D_i^n \varepsilon_{ij}^2\right] \tag{5-13}$$

对式(5-13)两边的时间求导,可得裂隙试件的能量释放率与试件损伤率之间的关系。

若令:$\sum_{n=1}^{N}\alpha^{n}D_{i}^{n}=D_{\lambda}$,$\sum_{n=1}^{N}\beta^{n}D_{i}^{n}=D_{\mu}$,$D_{\lambda}$和$D_{\mu}$称为唯像的双标量损伤变量。利用这两个变量可定义有效 Lame 常数为:

$$\begin{cases} \widetilde{\lambda}_{L}=\lambda_{L}(1-D_{\lambda}) \\ \widetilde{\mu}_{L}=\mu_{L}(1-D_{\mu}) \end{cases} \tag{5-14}$$

则式(5-13)可简化为:

$$\sigma_{ij}=2\widetilde{\mu}_{L}\varepsilon_{ij}+\widetilde{\lambda}_{L}\varepsilon_{kk}\delta_{ij} \tag{5-15}$$

$$W=\frac{n}{\eta}\left(\frac{1}{2}\lambda_{L}D_{\lambda}\varepsilon_{kk}^{2}+\mu_{L}D_{\mu}\varepsilon_{ij}^{2}\right) \tag{5-16}$$

根据裂隙试件的基本力学参数 E 和 μ 以及通过试验得到的 D_{λ} 和 D_{μ},从而得到裂隙试件上应力与应变之间的关系,以及在加载过程中释放的能量与损伤变量及应变变量之间的关系。

5.1.3.5　能量释放与裂纹参数之间的关系

根据理论分析,对前文中的无锚单裂隙试件和加锚单裂隙试件进行基于能量释放率的损伤验证。裂隙试件材料基本力学参数见文献[154],其中 $E=2.81$ GPa,$\mu=0.21$,由此可得 $\lambda_{L}=0.84$,$\mu_{L}=1.16$。对 D_{λ} 和 D_{μ} 根据展开式来取值是比较困难的,但根据 Mori-Tanaka 法,若将裂纹面积密度函数 $\rho^{*}=ml^{2}/\Delta A$ 定义为损伤度 D^{*}。其中,m 为单位主控裂纹面上的微裂纹数,l 为微裂纹的平均长度的 $1/2$,ΔA 为裂隙试件断面面积。

$$\begin{cases} D_{\lambda}=1-\dfrac{(1+\mu)(1-2\mu)}{(1+\mu+\pi D^{*})(1-2\mu+\pi D^{*})} \\ D_{\mu}=1-\dfrac{(1+\mu)}{(1+\mu+\pi D^{*})} \end{cases} \tag{5-17}$$

根据式(5-17)可知,裂隙试件的损伤度与其唯象的双标量损伤度之间是正相关关系。为简化计算,暂取 $\eta=2$,$n=3$,将式(5-17)代入式(5-12),利用 Matlab 可以得出裂隙试件释放的能量与裂隙试件主控裂纹各参数之间的关系(裂纹表面积、裂纹长度)。由裂隙试件的尺寸可知 $\Delta A=0.051\,8\,\text{m}^{2}$,则裂隙试件的唯象双标量损伤度 D_{λ} 和 D_{μ} 分别与主控裂纹参数之间的关系如图 5-8 所示。

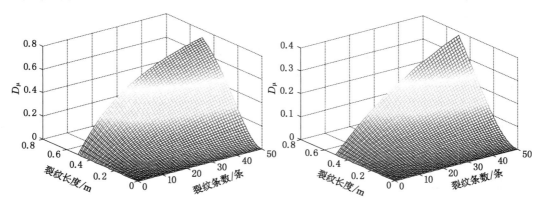

图 5-8　裂隙参数与损伤度之间的关系

由图 5-8 可以看出,裂纹数量和裂纹长度与试件的损伤度之间呈正相关关系。在平面应变条件下,假设试验的应力边界条件:$\sigma_{xx}=0$,$\sigma_{yy}=\sigma$,$\tau_{xy}=\tau_{yx}=\sigma/2$;应变分量:$\varepsilon_{kk}^2=(1-\mu^2+2\mu^4)\sigma^2/E^2=0.414\,9\sigma^2$,$\varepsilon_{ij}^2=(3+4\mu+2\mu^4)\sigma^2/E^2=1.426\,2\sigma^2$。当加载应力为定值时,裂隙试件起裂释放的能量与起裂裂纹几何参数之间的关系如图 5-9 所示。

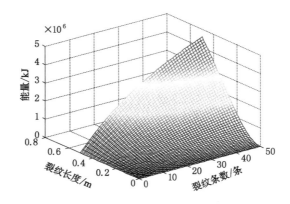

图 5-9 能量释放与裂纹参数之间的关系

由图 5-9 可以看出,在一定加载应力条件下裂纹起裂后,裂纹的长度越长,裂隙条数越多,试件释放的能量越大,这与试验结果基本吻合。

5.1.4 无锚及加锚单排裂隙岩体力学试验

采用 5.1.2 节同样的方式预制单排裂隙试件,裂隙布置方式为 1 行×3 列均匀布置在试件中线上;锚杆仍选用 $\phi4.0\times200$ mm 的玻璃纤维锚杆(GFRP),锚固间距分别为:20 mm、40 mm、60 mm 和无锚对比组,每组试样制备 5 个试件,试件的几何尺寸和水泥砂浆试件如图 5-10 和图 5-11 所示。

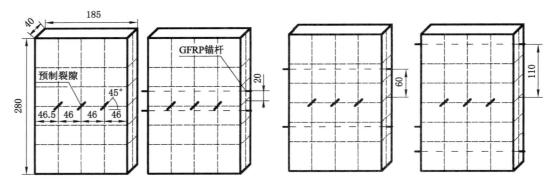

图 5-10 试件几何尺寸(单位:mm)

由图 5-11(a)可以看出,预制单排裂隙无锚试件在单轴压缩条件下首先在裂隙尖端产生翼型拉裂纹和剪切裂纹,拉裂纹沿最大主应力方向扩展,剪切裂纹沿着最大剪应力方向扩展,在裂纹扩展过程中伴随有次生裂纹产生并且相互搭接,形成一条或几条主控裂纹,并最终导致试件破坏。主控裂纹以纵向拉-剪破坏为主。由图 5-11(b)~5-11(d)可以看出,单排裂隙试件加锚之后,主控裂纹的贯通模式发生了明显变化,在锚固距离为 20 mm 和 40 mm

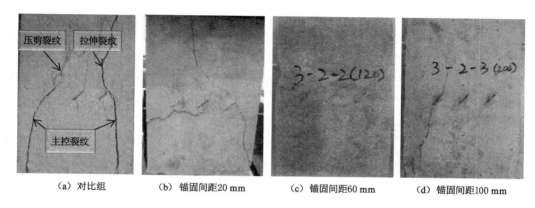

（a）对比组　　　　（b）锚固间距20 mm　　　　（c）锚固间距60 mm　　　　（d）锚固间距100 mm

图 5-11　各组试验结果

时,试件首先出现了主控裂隙的横向贯通,然后出现主控裂纹的纵向贯通。在锚固距离为 100 mm 时,主控裂纹仅出现纵向贯通,但与无锚试件相比,锚固裂隙试件主控裂纹的贯通速度和开裂程度均有所减小。

在加载过程中,对试件的声发射信号和最大主应力 σ_1 随时间的变化情况进行监测,如图 5-12 所示。

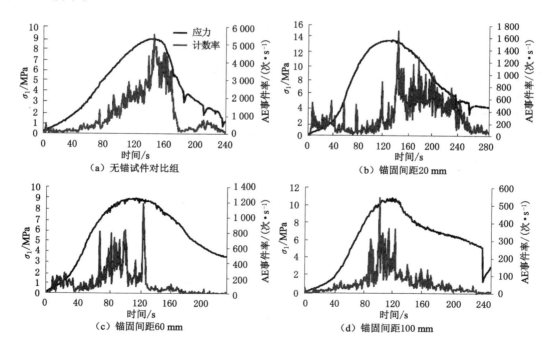

（a）无锚试件对比组　　　　　　　　　　　（b）锚固间距20 mm

（c）锚固间距60 mm　　　　　　　　　　　（d）锚固间距100 mm

图 5-12　声发射及应力监测结果

应力监测结果显示,在锚固距离为 20 mm 时,试件的强度有明显的提高;当锚固间距增加到 60 mm 和 100 mm 时,试件的强度没有明显的提高。以上说明,对于单排裂隙试件而言,锚杆与裂隙间的距离对试件强度有较大影响,锚杆与裂隙距离越小,锚杆的锚固效应越

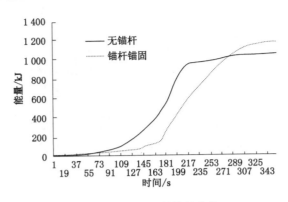

图 5-13　声发射能量变化

明显。此外,声发射结果表明在锚固作用下,锚固距离较小的裂隙试件声发射集中在峰后强度阶段[图 5-12(b)],而无锚试件和锚固距离较大试验组的声发射主要集中在试件的峰值强度之前[图 5-12(a)、(c)和(d)]。锚固距离较小时,在加载初期裂隙产生较少,锚杆在一定程度上阻止主控裂纹的形成,使试件具有更大的表征峰值强度和表征残余强度。单排裂隙试件在加锚和无锚条件下的能量释放过程如图 5-13 所示。

由裂隙试件和锚固裂隙试件的能量监测结果可以看出,在无锚条件下,单排裂隙试件的声发射能量先逐渐增大、后保持不变。锚固试件在加载初期释放的能量较少,当加载一定时间后,锚固试件释放的能量急剧增加,甚至超过无锚试件释放的能量。这说明在加载初期锚杆能够抑制裂隙附近裂纹的产生,当试件变形量较大时,锚杆将逐渐失去锚固作用,试件在锚固作用下积聚的变形能急剧释放。因此,锚杆具有吸收岩体变形能的作用,实际工程中也要求锚杆具有较大的变形能力吸收岩体变形产生的能量。

5.1.4.1　单排裂隙试件锚固机理分析

根据锚杆与裂隙的相对位置,可将锚固类型分为裂隙外锚固和穿透裂隙锚固。一般情况下,锚杆对裂隙岩体的锚固机理可分为两个阶段:裂纹起裂前的极限状态阶段和起裂后的扩展阶段。在距离裂隙尖端一定距离处加锚之后,锚杆阻止试件在单轴压缩下的横向变形在锚固界面上产生剪应力(横向),在裂隙周围会形成一个附加应力场。当锚杆与岩体间的界面没有相对滑移(或滑移很小)时,考虑到剪滞效应可得出全长锚固锚杆的剪应力函数近似于三角形分布[156];尤春安等[157]基于 Mindlin 问题的位移解推导出了全长锚固锚杆的剪切应力函数并通过试验验证了全长锚固锚杆剪应力分布趋于三角形。因此,在单轴压缩条件下($\sigma_2 = \sigma_3 = 0$),两类锚固试件裂纹扩展的力学模型如图 5-14 所示。

在无锚条件下,单轴压应力对倾斜裂隙形成的远场应力边界条件为:

$$\begin{cases} \sigma_x^{\infty'} = \sigma_1 \cos^2 \beta \\ \sigma_y^{\infty'} = \sigma_1 \sin^2 \beta \\ \tau_{xy}^{\infty'} = \sigma_1 \sin \beta \cos \beta \end{cases} \quad (5\text{-}18)$$

式中,β 为裂隙与最大主应力方向的夹角,(°);σ_1 为试件所受的最大主应力;$\sigma_x^{\infty'}$,$\sigma_y^{\infty'}$,$\tau_{xy}^{\infty'}$ 分别为局部坐标系上裂隙周围的应力。

将锚杆所受剪应力离散化,求得岩体中每个微元段在水平方向的附加应力场:

$$\begin{cases} \sigma_h = \tau_h \cdot C_{nh} \\ \sigma_v = \tau_h \cdot C_{nv} \\ \tau_{hv} = \tau_h \cdot C_s \end{cases} \quad (5\text{-}19)$$

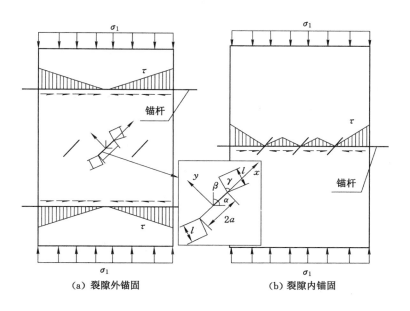

（a）裂隙外锚固 （b）裂隙内锚固

图 5-14 两类锚固力学模型

$$\begin{cases} C_{nh} = \dfrac{2}{\pi} \cdot \dfrac{h^3}{(h^2+v^2)^2} \\[2mm] C_{nv} = \dfrac{2}{\pi} \cdot \dfrac{hv^2}{(h^2+v^2)^2} \\[2mm] C_s = \dfrac{2}{\pi} \cdot \dfrac{vh^2}{(h^2+v^2)^2} \end{cases} \tag{5-20}$$

式中，σ_h 为锚杆在岩体中形成的水平应力；σ_v 为锚杆在岩体中形成的垂直应力；τ_{hv} 为锚杆在岩体中形成的剪切应力；C_{nh} 为水平方向传压系数；C_{nv} 垂直方向传压系数；C_s 为传剪系数；τ_h 为锚杆界面提供的剪切锚固力，$\tau_h = ks$（k 为剪应力增加系数，s 为自由面与锚杆中性点的距离）。

锚杆在倾斜裂隙周围附加的远场应力边界条件为：

$$\begin{cases} \sigma_x^{\infty''} = \sigma_v\cos^2\beta + \sigma_h\sin^2\beta \\ \sigma_y^{\infty''} = \sigma_v\sin^2\beta + \sigma_h\cos^2\beta \\ \tau_{xy}^{\infty''} = (\sigma_v - \sigma_h)\sin\beta\cos\beta \end{cases} \tag{5-21}$$

裂隙总的远场应力边界条件为：

$$\begin{cases} \sigma_x^{\infty} = \sigma_x^{\infty'} + \sigma_x^{\infty''} \\ \sigma_y^{\infty} = \sigma_y^{\infty'} + \sigma_y^{\infty''} \\ \tau_{xy}^{\infty} = \tau_{xy}^{\infty'} + \tau_{xy}^{\infty''} \end{cases} \tag{5-22}$$

考虑到裂纹面上的摩擦力和黏聚力，则裂纹面上作用的剪应力为：

$$\tau_e = \begin{cases} 0 & (\tau_{xy}^{\infty} \leqslant \tau_f) \\ \tau_{xy}^{\infty} - f_s\sigma_y^{\infty} - c_f & (\tau_{xy}^{\infty} > \tau_f) \end{cases} \tag{5-23}$$

式中，f_s 和 c_f 分别为裂纹表面的摩擦系数和黏聚力，MPa。

格里菲斯(Griffith)[158]认为,在脆性材料中,当裂纹尖端弹性势能的释放率大于或等于裂纹表面能的增加率时,裂纹会进一步扩展。欧文(Irwin)[159]认为,裂纹尖端弹性势能的释放率要大于等于或裂纹表面能的增加率和塑性功的增加率之和,裂纹才会扩展。

在本次试验中,裂隙端部受到拉、剪两种作用力。其中,Ⅱ型裂纹应力强度因子为:

$$K_{\text{Ⅱ}} = \tau_{\text{e}} \sqrt{\pi a} \quad (5-24)$$

假设裂纹的尖端的起裂角为 θ,则 Ⅰ 型裂纹应力强度因子为:

$$K_{\text{Ⅰ}} = \frac{3}{4} \tau_{\text{e}} \sqrt{\pi a} \sin \theta \cos \frac{\theta}{2} \quad (5-25)$$

裂纹沿着最大的 $K_{\text{Ⅰ}}$ 开始扩展,对 θ 进行求,则得裂隙端部 Ⅰ 型裂纹应力强度因子为:

$$K_{\text{Ⅰ}} = \frac{2}{\sqrt{3}} \tau_{\text{e}} \sqrt{\pi a} \quad (5-26)$$

式中,a 为预制裂隙长度的 1/2。

将式(5-19)和式(5-20)代入式(5-21),得到锚杆附加应力场;结合式(5-18)和式(5-22),可得裂隙周围的总应力场。然后将所求总应力场代入式(5-23)~式(5-25),可得加锚岩体裂隙尖端的两类应力强度因子 $K_{\text{Ⅰ}}$ 和 $K_{\text{Ⅱ}}$。当 $K_{\text{Ⅰ}} < K_{\text{Ⅰc}}$ 且 $K_{\text{Ⅱ}} < K_{\text{Ⅱc}}$ 时($K_{\text{Ⅰc}}$ 和 $K_{\text{Ⅱc}}$ 为不同应力条件下的裂纹起裂韧度),裂隙尖端不产生裂纹;当 $K_{\text{Ⅰ}} \geqslant K_{\text{Ⅰc}}$ 或者 $K_{\text{Ⅱ}} \geqslant K_{\text{Ⅱc}}$ 时,裂隙尖端产生裂纹并在一定条件下扩展。对比式(5-24)和式(5-26)可知,$K_{\text{Ⅱ}} \leqslant K_{\text{Ⅰ}}$,因此倾斜裂隙在单轴压缩条件下更易发生 Ⅰ 型裂纹起裂。在锚固条件下,裂隙尖端的应力强度因子为:

$$K_{\text{Ⅰ}} = \frac{2}{\sqrt{3}} [\sigma_1 \sin \beta \cos \beta + (\tau_{\text{h}} \cdot C_{\text{nv}} - \tau_{\text{h}} \cdot C_{\text{nh}}) \sin \beta \cos \beta -$$

$$f_{\text{s}} (\sigma_1 \sin^2 \beta + \tau_{\text{h}} \cdot C_{\text{nv}} \sin^2 \beta + \tau_{\text{h}} \cdot C_{\text{nh}} \cos^2 \beta) - c_{\text{f}}] \sqrt{\pi a} \quad (5-27)$$

翼型裂纹在沿着最大主应力方向扩展过程中裂纹产状发生了变化,应力强度因子也会随之发生变化。当 Ⅰ 型裂纹扩展之后,压剪条件下扩展裂纹尖端的应力强度因子会发生改变,其理论表达式为[160]:

$$K_{\text{Ⅰ}}^1 (l) = \frac{2a\tau_{\text{e}} \sin \gamma}{\sqrt{\pi(l + l^*)}} - \sigma_n' \sqrt{\pi l} \quad (5-28)$$

$$\sigma_n' = \frac{1}{2} [\sigma_1 + \sigma_1 \cos 2(\alpha' + \gamma')] \quad (5-29)$$

式中,l 为翼型裂纹长度,m;l^* 为引入的当量裂纹长度 $l^* = 0.27a$,m;σ_n' 为翼裂纹上的法向应力,MPa;α' 为裂隙倾角,(°);γ' 为翼裂纹起裂角,(°)。

在翼裂纹扩展过程中,当 $K_{\text{Ⅰ}}^1 (l) \geqslant K_{\text{Ⅰc}}(l)$ 时[$K_{\text{Ⅰc}}(l)$ 为裂纹扩展断裂韧度],裂纹持续扩展;当 $K_{\text{Ⅰ}}^1 (l) < K_{\text{Ⅰc}}(l)$ 时,裂纹停止扩展。

由分析可知,锚杆形成的附加应力场对裂隙尖端的应力强度因子的影响仅是锚杆与裂隙尖端之间距离和裂隙局部坐标夹角的函数。因此,锚固距离和锚固角是影响应力强度因子大小的两个主要因素。

5.1.4.2 锚固参数对单排裂隙试件破坏规律的影响

采用 ANASYS 对不同锚固距离和锚固倾角条件下裂隙试件的应力场、位移场以及应力强度因子的变化情况进行分析。为简化计算,利用模型的对称性,即选用试件的 1/2

尺寸进行分析,模型尺寸为 280 mm×90 mm。裂隙长轴方向在水平方向,根据断裂力学理论,可获得裂纹的尖端为应力和位移的奇异点,利用"KSCON"命令在裂隙尖端建立奇异单元,将中间节点置于 1/4 边处,围绕裂隙尖点分割排列。根据对每条线的分割进行自由网格划分,建立网格模型。在单轴压缩条件下,用限制锚固网格节点某一方向自由度的方法来模拟全长锚固锚杆。锚杆的锚固间距,在裂隙之外的距离为正,穿过裂隙面距离裂隙尖点的锚固距离为负。基于 ANSYS 内置的位移外推法,可对不同锚固距离条件下裂隙尖点处各节点的应力强度因子 K_I 进行线性回归获得其近似解。K_I 的计算公式为:

$$K_I = \frac{\sqrt{2\pi}}{2} \frac{G(1-\mu)}{2-\mu} \frac{|\Delta v|}{\sqrt{r}}$$ (5-30)

式中,G 为剪切模量;Δv 为裂纹尖端周围节点的相对位移;$\bar{r}$ 为节点的矢径。

(1) 不同锚固距离的影响

不同锚固距离条件下垂直于裂隙长轴的锚杆对裂隙周围应力场和位移场的影响,如图 5-15 所示。

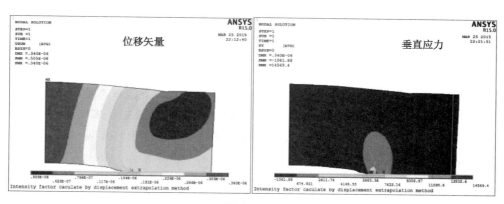

(a) 锚固间距20 mm

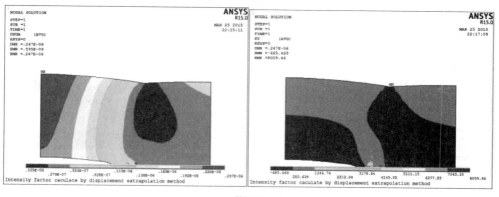

(b) 锚固间距60 mm

图 5-15 不同锚固间距模拟结果

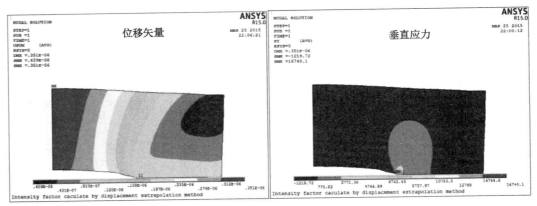

(c) 锚固间距100 mm

图 5-15(续) 不同锚固间距模拟结果

由图 5-15 可以看出,当锚杆与裂隙长轴方向垂直时,以裂隙尖点为参照点,随着锚固间距增大(锚杆与裂隙尖端的间距变化范围为 20～250 mm),裂隙周围的位移矢量在不断增大,裂隙张开程度也越大,垂直裂隙长轴方向的裂隙张拉力在裂隙尖端更加集中。

(2) 不同锚固倾角的影响

为研究不同锚固倾角对锚杆锚固作用的影响,在垂直方向上距离裂隙一定间距设置一固定点,锚杆始终过该点进行旋转,取得锚杆与裂隙长轴间不同的夹角,即为锚固倾角(倾角变化范围为 27°～153°)。图 5-16 为不同锚固倾角条件下的试件位移矢量和垂直裂隙方向的应力集中分布情况。

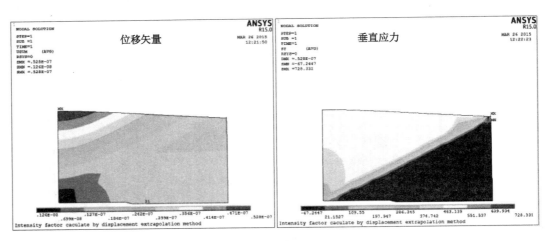

(a) 锚固角27°

图 5-16 不同锚固倾角模拟结果

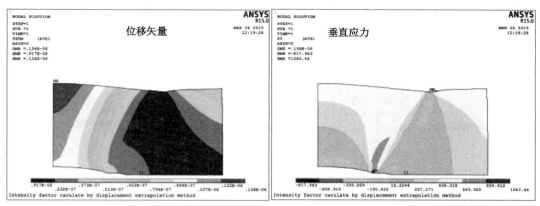

（b）锚固角57°

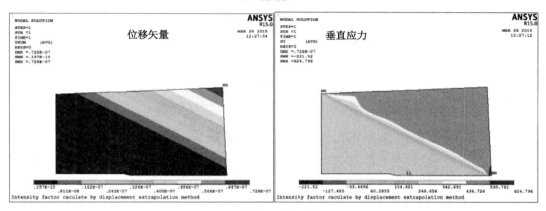

（c）锚固角153°

图 5-16（续） 不同锚固倾角模拟结果

利用 ANSYS 内置的位移外推法，可获得裂隙尖端应力强度因子随锚固距离和锚固倾角的变化情况，如图 5-17 所示。

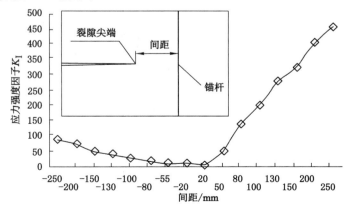

图 5-17 应力强度因子与锚固距离的关系

由图 5-17 可以看出,在裂隙尖点两侧,随着锚杆锚固距离的增加,裂隙尖点的应力强度因子不断增大。对于锚杆垂直穿透裂纹面的试件,随着锚固距离的增加,其裂隙尖点应力强度因子增长较慢;对于锚杆在裂隙之外的试件,其裂隙尖端应力强度因子随距离增加而增加得更快,说明锚杆穿过裂隙面且越靠近裂隙尖端的锚固效果越好。应力强度因子与锚杆倾角之间的关系如图 5-18 所示。

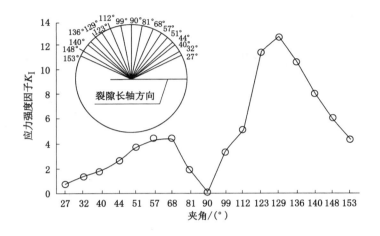

图 5-18   应力强度因子与锚固角之间的关系

由图 5-18 可以看出,随着锚杆与裂隙长轴夹角从 27° 增加到 90° 以及从 90° 增加到 153°,裂隙尖端的应力强度因子均呈现先增大、后减小的变化规律,在夹角为 90° 时,应力强度因子达到最小。当锚杆穿过裂隙时(27°~90°),裂隙尖端应力强度因子均小于锚杆没有穿过裂隙时(99°~153°)的应力强度因子;同时锚杆穿过裂隙且锚固倾角越接近 90° 时,锚杆的锚固止裂效果更好。

5.1.4.3   数值模拟验证

裂隙尖端是关键部位,为保证数值模拟的可靠性,裂隙附近的网格应具有随机性;同时要保证力的稳定传递。因此,利用 ANSYS 建立数值模型,基于线划分将裂隙尖端附近网格加密,其余部分网格自由划分,如图 5-19 所示。

模拟水泥砂浆试件,采用有限差分软件更合理,将所建模型导入 FLAC³ᴰ 中,并根据平面应变条件施加边界条件后进行单轴静力加载。将试验所用水泥砂浆制作标准试件获取相应的力学参数,经过修正处理后得到数值计算的参数见表 5-2。

表 5-2   数值模拟参数

裂隙岩体			锚杆		
材料	弹性模量/GPa	泊松比 μ	材料	直径/mm	密度/(g·cm⁻³)
水泥砂浆	2.81	0.21	GFRP	4	2.2
内摩擦角/(°)	抗拉强度/MPa	黏聚力/MPa	弹性模量/GPa	抗剪强度/MPa	抗拉强度/MPa
42	0.5	4.5	>40	>150	1500

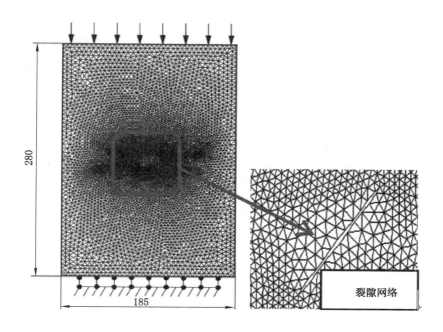

图 5-19 数值模型

　　由于 FLAC^{3D}软件不能实现单元体在加载过程中的分离来模拟裂纹起裂、扩展,但根据单元体塑性区的形成条件和类岩体材料的特性可认为,当单元体进入塑性状态时,该单元体便已破坏。如果单元体划分得足够小,则可采用塑性单元体来近似模拟起裂裂纹的扩展路径。在加载过程中采用 fish 编程,遍历模型单元,当单元体的参数 es_plastic 变形大于某一设定值后将其划分为屈服组,当遍历完所有单元之后,将屈服组的单元删掉。本次模拟采用应变软化模型,模型前后左右为自由边界,底部为固定边界,上部为应力边界。考虑到锚杆具有一定的抗剪作用,采用桩单元来模拟锚杆,各试验组的模拟结果如图 5-20 所示。

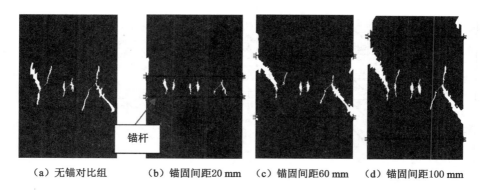

（a）无锚对比组　　　（b）锚固间距20 mm　　（c）锚固间距60 mm　　（d）锚固间距100 mm

图 5-20 各组模拟结果

根据模拟结果可以看出,在相同的加载条件下,试件首先在裂隙尖端起裂、扩展。当裂隙扩展到一定程度后,出现一条或几条较大的裂纹——主控裂纹,随着主控裂纹贯通到试件边界,试件发生破坏。无锚试件的主控裂纹由预制裂隙尖端起裂,随后沿试件纵向发展(最大主应力方向)。加锚之后,当锚固距离为 60 mm 和 100 mm 时,预制裂隙周围裂纹并未受到明显的限制;当锚固距离为 20 mm 时,主控裂纹的起裂和扩展明显受到限制。研究表明,在合理的锚固距离内,锚杆具有阻止裂隙起裂和扩展的作用;当锚固距离过大时,锚杆对抑制预制裂隙的起裂和扩展没有明显的效果,但仍然能够对试件的主控裂纹的扩展产生影响,阻止主控裂纹的纵向贯通,这与试验结果比较吻合。

5.1.5 无锚及加锚多组裂隙岩体力学试验

5.1.5.1 多组无锚裂隙试件破坏规律

为进一步分析裂隙试件的变形破坏规律及其锚固作用机理,进一步设计了多组裂隙试件模型,如图 5-21 所示。

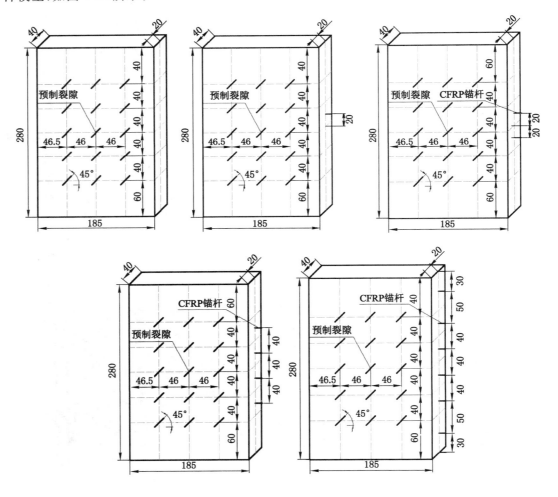

图 5-21　试验组模型

无锚单轴压缩条件下,试件裂纹以压剪复合裂纹扩展及劈裂拉伸裂纹扩展为主,裂纹贯通方式主要是排间纵向贯通和排间倾斜贯通,如图 5-22 所示。

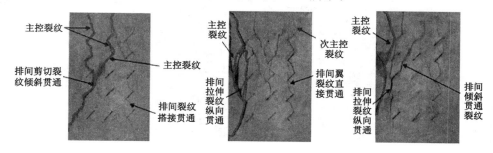

图 5-22　无锚试验组加载

多组裂隙试件主控裂纹贯通过程为:首先是右边裂隙尖端附近翼型拉裂纹起裂、扩展,在排间以剪切裂纹搭接贯通或翼型裂纹直接贯通形成纵向排间贯通裂纹;然后试件左侧产生排间倾斜压剪复合裂纹、劈裂拉伸裂纹与预制裂隙贯通并扩展至试件表面。由于排内裂纹间距较大且无侧向压力,没有出现排内裂纹的横向贯通。无锚试件破坏的主控裂纹分为两类:第一类以拉伸翼型裂纹+倾斜压剪裂纹为主,如图 5-22(a)所示;第二类以拉伸翼型裂纹+倾斜压剪裂纹+拉伸劈裂裂纹为主,如图 5-22(b)所示。产生这种差异的原因在于裂隙间岩桥强度的差异,这与试件的制作有关。从同一组中试件的试验结果来看,以第二类主控裂纹居多。加载过程中试件的横向变形明显,试件均是向左侧破坏甚至崩落,表明裂隙的倾角控制了试件的变形破坏方向。预制有序裂隙引导了裂纹扩展、贯通路径,预制裂隙的密度控制试件的峰值强度和残余强度。从试验结果来看,多组裂隙试件主控裂纹的贯通均以左右两侧的预制裂隙处开始起裂、扩展并最终贯通。其原因在于,预制裂隙将整个试件在纵向上划分为 4 根岩柱,在横向没有约束的情况下两侧的岩柱横向弯曲鼓出,引起裂纹起裂扩展,同时在纵向的压应力作用下沿预制裂隙产生剪切裂纹起裂,这两类裂隙组合作用下形成了主控裂纹。在预制倾斜裂隙的作用下,裂隙试件左、右两边的主控裂纹有所差异,左侧以拉伸劈裂裂纹为主,而右侧以压剪复合裂纹为主。

5.1.5.2　多组加锚裂隙试件破坏规律

多组有序裂隙试件在锚杆锚固之后,主控裂纹的起裂、扩展和贯通规律发生了变化,试件峰值强度、残余强度以及试件变形破坏形式也有所不同。不同锚固条件下多组有序裂隙试件的单轴破断试验如图 5-23 所示。

如图 5-23(a)~图 5-23(c)所示,在单根锚杆锚固条件下,试件右侧裂隙翼型拉裂纹的纵向贯通受到限制,锚杆两侧的预制裂隙基本没有产生翼型拉裂纹,试件左侧产生倾斜裂纹贯通整个试件。在此过程中,右侧一列裂隙逐渐产生翼型裂纹并贯通,中间裂隙产生逆倾向(预制裂隙倾向)倾斜裂纹贯通,主控裂纹(倾斜压剪复合裂纹+逆倾向压剪裂纹+拉伸劈裂裂纹)贯通。与无锚试件相比,主控裂纹横向发展,贯穿整个试件,纵向拉伸劈裂裂纹受到限制,主控裂纹路径更长,试件强度更大。

如图 5-23(d)~图 5-23(f)所示,在两根锚杆锚固条件下,裂隙尖端拉伸翼型裂纹纵向贯通进一步受到限制,出现排内裂隙裂纹贯通。试件出现裂纹时间较晚,但贯通迅速,在主控裂纹贯通之后,其他裂隙端部产生翼型裂纹并贯通,试件鼓出现象明显,出现裂纹不穿过锚

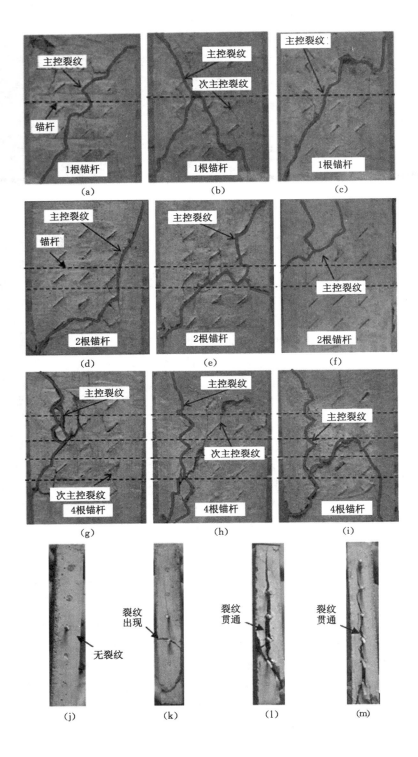

图 5-23　不同加锚试验组加载

杆的主控裂纹。主控裂纹为:压剪复合裂纹+拉伸翼型裂纹+拉伸劈裂裂纹贯通。

如图 5-23(g)~图 5-23(i)所示,在 4 根锚杆锚固下,锚固范围的进一步扩大,试件以压剪裂纹为主,接着是裂隙翼型裂纹产生并贯通,由于锚固范围增大,试件强度增加,试件的横向变形受到限制,正面鼓出明显,主控裂纹(压剪复合裂纹+拉伸翼型裂纹)贯通。

如图 5-23(j)~图 5-23(l)所示,在 6 根锚杆的锚固作用下,裂隙裂纹扩展与 4 根锚杆大致相同,均以压剪裂纹为主,拉伸翼型裂纹和倾斜剪切裂纹贯通。但是,在锚固范围进一步扩大的同时,锚杆孔的密度也在逐渐增大,试件正面鼓出越加明显,主控裂纹(压剪复合裂纹+拉伸翼型裂纹+剪切裂纹)贯通。

如图 5-23(m)~图 5-23(p)所示,当只有 1 根锚杆时,试件的侧向没有开裂现象,试件的破坏均集中在试件的预制裂纹面;当有 2 根锚杆锚固时,试件开始出现侧向开裂破坏;当锚杆数量增加到 4 根和 6 根时,试件的侧向开裂破坏非常严重,产生纵向劈裂贯通。也就是说,随着锚杆数量的增加,试件的横向变形明显减小,锚固岩体正面鼓出现象更加明显。研究表明,一定数量的锚杆虽能抑制主控裂纹,但锚杆数量过多,在没有水平方向约束条件下,单轴加载试件强度反而会减小,表现在试件侧面锚杆孔间裂纹贯通。根据加锚裂隙试件试验结果可知,试件加锚之后排间纵向裂纹贯通明显减少,排间倾斜裂纹贯通较多,甚至出现排内裂纹横向贯通。主控裂纹的起裂和扩展时间明显滞后于无锚条件下的试件。无锚试件主控裂纹以压剪复合型裂纹和劈裂拉伸裂纹贯通为主,而加锚试件以拉伸翼型裂纹和压剪复合裂纹贯通为主。加锚之后,主控裂纹的扩展方向和顺序也发生了改变,多组有序裂隙类岩体主控裂纹的贯通模式由纵向扩展到倾斜扩展,再到横向贯通的纵向-倾斜-横向模式变为横向-纵向-倾斜的扩展贯通模式。主控裂纹向中部和右侧发展,路径长度更大,试件受预制裂隙控制的程度减弱,逐渐向完整岩体特性转变。与无锚试件加锚试件相比,主控裂纹的贯通路径较为混乱,试件加锚后主控裂纹的纵向贯通路径被锚杆"阻断",迫使主控裂纹在无锚区域扩展,这与加锚之后试件各部分应力和变形的不均匀性以及试件在制作中自身的非均匀性有关。

5.1.5.3 锚杆对多组裂隙试件强度的影响

在试验过程中,各试验组组内试件的强度基本吻合,试验组之间试件的强度有所差异。为排除试验的偶然性因素对试件强度的影响。现将各组试件强度的试验值取平均数,绘制应力-时间曲线,如图 5-24 所示。

从强度曲线形态上看,无锚试件强度较低,呈平直状;在加锚之后,试件强度曲线与完整岩石试件的强度曲线相似,很好地表现出裂隙弱化、锚杆强化围岩体的过程。在单轴压缩条件下,加锚试件和无锚固试件相比,试件峰值强度普遍增大。在无锚条件下,有序裂隙试件的峰值强度为 5.426 6 MPa;在加锚条件下,1 根、2 根、4 根和 6 根锚杆锚固的裂隙试件峰值强度分别为 15.724 3 MPa、16.129 7 MPa、26.386 MPa、20.174 3 MPa。与无锚固条件下试件相比,其峰值强度分别提高了 189.76%、252.52%、386.24%、271.77%。在无锚条件下,裂隙试件达到峰值强度的时间为 65.312 s;在加锚条件下,裂隙试件达到峰值强度的时间分别为 131.837 s、203.177 s、203.469 s、168.469 s,试件达到峰值的时间分别延迟了 101.86%、211.09%、211.53% 和 157.94%,如图 5-25 所示。根据位移加载速度,可得峰值强度时试件的压缩量,如图 5-26 所示。

不同加锚条件下试件峰值强度时的压缩量分别为 0.788 4 mm、1.495 mm、2.075 mm、

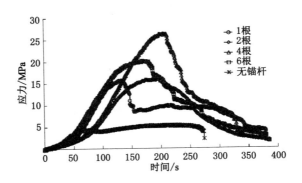

图 5-24　各试验组应力-时间曲线

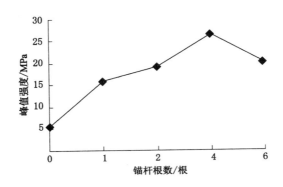

图 5-25　试验组峰值强度曲线

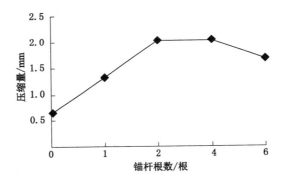

图 5-26　各试验组最大压缩量

2.025 mm 和 1.755 mm（由于采用位移加载方式，在一定的时间内试件加载方向的应变是相等的）。由图 5-25 和图 5-26 可知，随着锚杆根数的增加，多组有序裂隙试件的峰值强度先增大后略有减小，在锚固 4 根锚杆时试件峰值强度最大；试件达到峰值强度的时间和压缩量也是先增大、后减小，2 根锚杆时试件达到峰值强度的时间最长，相应的压缩量也越大。

从实际工程讲，锚杆越多锚固效果越好，此处 6 根锚杆锚固试件出现强度和极限压缩量的减小。其主要原因在于，本次试验采用的是单轴压缩，而工程中大部分是双向受力，一定程度上限制了岩体的横向变形,而且在一个水平方向上试件尺寸较小,容易在该方向上鼓出破坏。研究表明,锚杆由 4 根增加到 6 根,岩体强度增加不明显,且 6 根锚杆试件的主控裂纹开裂时间比 4 根锚杆锚固试件更早。因此,在一定边界条件下,裂隙岩体并非锚杆越多锚固效果就越好,适当的锚杆数量才能达到最佳的锚固效果。

5.1.5.4 数值模拟验证

为验证本次试验结果,应用 FlAC³ᴰ软件对无锚和加锚情况下的多组有序裂隙类岩体进行数值模拟。根据试件实际尺寸,首先采用 MATLAB 编程精确采集裂隙控制点的坐标,然后将采集的控制点导入 ANSYS 中建立模型并合理划分网格,使得裂隙周边网格相对较密,利于分析裂隙周围裂纹的扩展和锚杆的锚固作用,数值计算模型如图 5-27 所示。

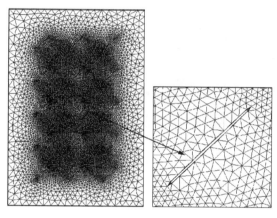

图 5-27　数值计算模型

另外,将建立的模型导入 FlAC³ᴰ中并赋予相应的材料参数和边界条件之后加载。计算拟采用锚索单元模拟锚杆,选用最能刻画试验材料特性的应变硬化/软化模型作为屈服准则,根据试验实际设置计算边界条件,试件顶部为位移边界、底部为固定边界,试件前、后、左、右均为自由边界。采用位移加载,为达到静力加载的目的,加载速率控制在 $2×10^{-7}$ m/s。此外,根据试验所用水泥砂浆的配比和养护条件制作标准试件,对试件材料参数进行测定,计算参数见表 5-2。

根据前面的分析可知,多组有序裂隙试件的破坏均以倾斜压剪复合裂纹+劈裂拉伸主控裂纹的贯通为主。FLAC³ᴰ是有限差分数值分析软件,试件的开裂过程和破裂结果不能直接模拟。根据试验室试验结果和塑性区的模拟对比发现二者相关性很好。因此,超过抗拉、抗剪极限的塑性单元近似作为翼型裂纹的扩展轨迹。无锚和加锚多组有序裂隙试件主控裂纹的模拟结果如图 5-28 所示。

从图 5-28 可以看出,单轴加载时在预制裂隙尖端出现翼型裂纹扩展,并纵向贯通;同时产生了倾斜剪切型裂纹并扩展,两种共同构成了试件强度弱化的主控裂纹。加锚之后,随着锚杆的增加,在相同的加载条件试件主控裂纹的扩展受到明显的遏制,围岩强度得到强化。试件的横向变形监测结果如图 5-29 所示。

从图 5-29 可以看出,多组有序裂隙试件左侧上部横向变形大于左下部,而右侧下部横向变形大于上部,这与预制裂隙的倾角有关,也是试验中主控裂纹首先在试件左上部产生贯

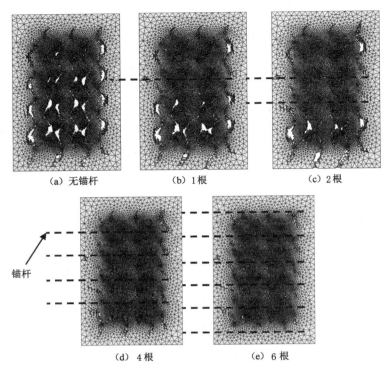

图 5-28　相同加载条件下各试验组试件的破裂

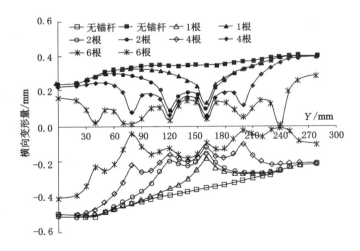

图 5-29　各组试件的横向变形值

通,甚至崩裂的主要原因。此外,无锚试验组的横向变形最大,随着锚杆数量的增加,在多组有序裂隙试件的横向变形在逐渐减小,6 根锚杆试验组试件的横向变形最小;还可以看出,在加锚的位置试件的横向变形明显减小,横向变形产生非均匀分布。加锚部位的横向变形减小,加锚试件的体积变形减小,且锚杆数量越多,体积变形越小,说明锚杆限制了试件的扩容,增大了试件的刚度和强度。试验结果表明,试件的强度随着锚杆数量的增加呈现先增加、后减小的趋势,说明锚杆并非越多越好,而是存在一个最优的支护密度,这也是工程中需对锚杆支护参数进行优化的原因。因此,我们可以得到以下研究结论:

(1) 提出了主控裂纹和次主控裂纹的概念,发现试件的强度受一条或几条主控裂纹的控制,在单轴压缩条件下试件主控裂纹的贯通标志着试件进入峰后强度阶段。预制裂隙对主控裂纹的扩展贯通路径起到了引导和控制作用,使得试件的变形和破坏均具有方向性,裂隙倾角越大这种引导作用越明显,主控裂纹的产状同时还受到锚杆锚固距离的影响。

(2) 无锚试件加载过程中裂隙试件主控裂纹扩展路径相对单一,主控裂纹分支较少,整体路径较短,裂隙试件更容易破坏。裂隙试件加锚后,主控裂纹在横向、倾斜和纵向方向上均有扩展,分支裂纹的数量和扩展程度更多,受预制裂隙影响减小,试件破坏所需时间更长。

(3) 锚杆对于不同倾角单裂隙试件的峰前平均强度有一定提高,但增幅很小,峰值强度甚至有略有减小。然而,加锚裂隙试件峰后持续时间平均值比无锚裂隙试件更长。考虑加载时间的等效峰后平均强度,加锚试件比无锚试件的峰后平均强度更高。对于多组有序裂隙试件强度较低但变形能力较强,在加锚之后试件的抗变形能力显著增加,试件强度增加率随着锚杆数量的增加先增大、后减小,锚杆数量和试件峰值强度之间存在一个最优值。同时,锚杆能够有效地限制试件在单轴压缩下的横向扩容,提高试件的强度和刚度,但锚杆的限制范围有限,在实际工程中还需要辅以其他形式的支护,均匀地限制工程岩体的横向变形。

(4) 裂隙试件加载过程中能量的快速释放是主控裂纹形成和扩展的标志。锚杆在有效锚固范围内时,试件能量释放集中在试件峰值应力之后;当无锚试件或者锚固距离较大时,试件能量释放集中在峰值强度之前。裂隙试件在压缩过程中,能量释放包括缓慢增长和快速增长阶段。缓慢增长阶段为主控裂纹形成前的损伤累积阶段,快速增长阶段为主控裂纹形成后的演化扩展阶段,锚杆能延迟主控裂纹的产生,但受到锚固距离的影响,主要在主控裂纹的扩展演化阶段起到止裂作用。

(5) 推导了加锚之后附加应力场对应力强度因子的影响。研究表明,锚杆的锚固间距和锚固倾角是影响裂隙尖端应力强度因子的主要因素。锚固间距越大,裂隙尖端的应力强度因子越大,且锚杆在裂隙之外比穿过裂纹面时,裂隙尖端的应力强度因子增加的更快。锚杆垂直于裂隙主轴方向裂隙应力强度因子越小,锚固倾角越偏离90°,应力强度因子呈先增大、后减小的趋势。

5.2 深部动压巷道围岩变形机制分析

5.2.1 深部巷道围岩变形机理分析

深部动压巷道围岩常常表现出大变形的特点,产生大变形的机理如下:

(1) 围岩强度弱化机理

① 风化侵蚀作用。巷道围岩在开挖前处于密封状态,围岩强度高、完整性好。巷道开挖后受到空气和水等介质的风化侵蚀作用,从而强度弱化、变软。

② 应力扰动弱化作用。根据第2章的试验可知,巷道和工作面回采造成巷道围岩围压卸载,围压降低与围岩的强度呈线性弱化关系。围压卸载后围岩在高应力低加载速率的作用下逐渐产生强度的弱化,抗压强度和抗拉强度与加载速率之间呈幂函数弱化关系。工作面的回采扰动对巷道围岩又产生了循环加载作用,循环加载次数与巷道围岩强度之间基本

呈线性弱化关系。巷道围岩在开挖到本工作面推过的整个过程中,围岩经历了"三轴加载-卸围压-单轴加载"的过程,而该过程中围岩的强度发生了较大程度的弱化。

(2) 围岩大变形机理

① 物化膨胀作用。煤矿巷道围压中常含有蒙脱石、伊利石和高岭石等遇水膨胀类岩体,使得巷道围岩出现物化膨胀变形。

② 煤岩体的裂隙扩容变形。在深部高应力作用下,即使强度较硬的岩体也会出现较大范围的塑性变形。煤层巷道围岩中还富含瓦斯等气体,煤体在高瓦斯压力和高应力作用下出现裂隙的扩展和贯通,从而出现较大的扩容变形。

③ 岩层结构性断裂变形。岩层结构性断裂主要是指顶、底板岩层的破断,在水平构造应力和开挖和回采转移的水平应力挤压作用下产生朝巷道方向的破断,如图 5-30 所示。

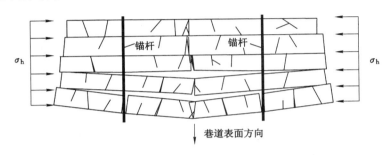

图 5-30　巷道顶、底板破断形式

④ 不同岩层间的位错移动。不同岩层间的位错移动主要发生在巷道帮部,在深部采煤过程中常常会遇到煤体和岩体的巷道,统称为半煤岩巷。根据 5.3 节的力学分析和第四章中煤-岩组合试件的试验结果可知两种岩层的变形和移动是不一致的。强度较弱的煤层往往出现较大的横向移动,与岩层形成位错,影响巷道的使用,如图 5-31 所示。其中,F_v 为初始垂直地应力,kN;F_h 为初始水平地应力,kN;f_a 和 f_d 为帮部岩体(煤体)A 和 B 所受的水平应力,kN;E_d 为 ;Δd 为 ;l 为 。

可以看出,相比于浅部巷道围岩,深部巷道围岩大变形最重要的原因在于深部高地应力的作用。因此,综合考虑到深部煤巷的层状结构形式和受力变形特点,对深部动压巷道围岩的变形力学机制进行分析。

5.2.2　深部动压巷道围岩变形力学机制

根据深部巷道的结构形式和所处应力环境可简化得到如下两种巷道开挖的初始力学模型。取巷道的 1/2 尺寸进行力学分析,巷道跨度为 l(m);巷道开挖的初始影响区宽度为 L_0(m):

图 5-32 为巷道开挖后帮部岩体没有出现变形的理想初始状态。其中,f_{v0}、f_{v1}、f_{v2} 均为顶板岩层对帮部岩体(或煤体)A 的初始垂直作用力,kN,它是时间 t 和距离 x 的函数;f_c 为顶板 C 岩层所受的水平应力;f_d 为底板 D 岩层所受的水平应力,kN。在初始状态时,$f_a = f_b = f_c = f_d = F_h$。

5.2.2.1　深部巷道帮部岩体变形力学分析

(1) 水平应力变化分析

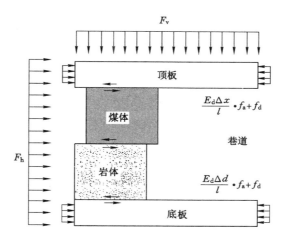

图 5-31 帮部岩层位错

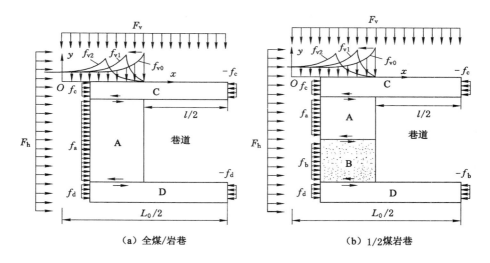

图 5-32 巷道初始力学模型

巷道开挖后,帮部初始变形是由于帮部围岩失去巷道临空一侧的水平应力,在水平初始应力作用下帮部围岩向巷道临空面鼓出。帮部变形主要有两种形式:其一,帮部岩体(或煤体)整体切移;其二,帮部局部岩体鼓出,如图 5-33 所示。

取单位厚度的巷道断面进行分析,帮部整体切移的力学条件为:

$$F_h \geqslant \mu' \int_0^{\frac{L_0-l}{2}} f_{v0} \, \mathrm{d}x \tag{5-31}$$

巷帮中部鼓出的力学条件为:

$$F_h < \mu' \int_0^{\frac{L_0-l}{2}} f_{v0} \, \mathrm{d}x, F_h > \tau \tag{5-32}$$

式中,μ' 为岩层界面的摩擦系数;τ 为岩体(或煤体)的抗剪强度。

由于岩体的层状赋存条件,对于帮部岩体(煤体)整体切移来讲,当巷道帮部开挖影响区

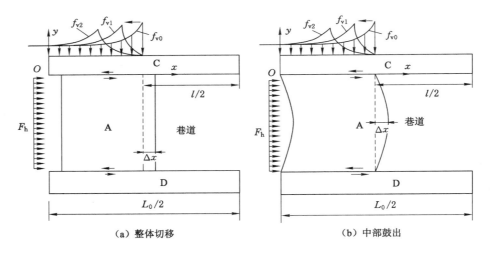

（a）整体切移   （b）中部鼓出

图 5-33　巷道帮部变形力学模型

内的岩体产生微小移动量 Δx 时，帮部范围内的初始水平应力会向顶、底板岩层中转移，初始水平应力引起的帮部切移量很小。对于帮中部鼓出条件下，当开挖影响区内岩体（或煤体）产生微小变形量 Δx 时，在垂直压力作用下，开挖影响区内岩体（或煤体）与影响区外的岩体（或煤体）也会产生裂隙。因此，当帮部产生一定变形后，初始水平应力对帮部岩体变形的影响很小。事实上，由初始水平应力引起的帮部岩体的变形量主要是开挖卸载后的弹性回弹变形量，该变形量很小还不足以导致巷道帮部的大变形失稳。巷道开挖后，造成帮部围岩变形量增大的主要因素是深部较高的垂直应力作用。

（2）垂直应力变化分析

巷道帮部变形力学机制主要是巷道开挖造成顶、底板垂直应力在帮部集中。假设顶板岩层对两帮的垂直作用力为指数函数分布，建立如图 5-33 所示坐标系，令：

$$f_{v0} = a^x + F_v \tag{5-33}$$

根据力学平衡关系，则：

$$\frac{L_0}{2} F_v = \int_0^{\frac{L_0-l}{2}} f_{v0}\, dx \tag{5-34}$$

进行定积分后移项化简，可得：

$$\ln a = \frac{2}{F_v l}(a^{\frac{L_0-l}{2}} - 1) \tag{5-35}$$

由于等式两边都包含参数 a，所以将 a 看作对变量进行两边求导，可得：

$$\frac{F_v l}{L_0 - l} = a^{\frac{L_0-l}{2}} \tag{5-36}$$

然后再对等式两边取对数后移项，可得：

$$\frac{2}{L_0 - l} \ln \frac{F_v l}{L_0 - l} = \ln a \tag{5-37}$$

最后对等式两边取指数，可得：

$$a = e^{\frac{2}{L_0-l}\ln\frac{F_v l}{L_0-l}} \tag{5-38}$$

顶板对帮部的垂直应力初始函数为：

$$f_{v0} = (e^{\frac{2}{L_0-l}\ln\frac{F_v l}{L_0-l}})^x + F_v \tag{5-39}$$

式中，$0 \leqslant x \leqslant (L_0-l)/2$。

巷道开挖后，巷道两帮表面围岩在较高的垂直应力作用下迅速变形和开裂，峰值应力向深部岩体转移，在转移的过程中垂直应力峰值逐渐减小，巷道开挖影响范围宽度逐渐增大，应力的转移速率与帮部岩体力学性质、初始应力场以及回采对巷道围岩的扰动弱化等因素相关。

对任意 t 时刻的垂直应力函数进行分析。根据图 5-33 可以看出，在 t 时刻，以峰值应力为分界线，垂直应力为两个指数形式的分段函数，则坐标系随之往左移动至 $L_t/2$ 处。令两个应力函数分别为(应力峰值对应的横坐标为 x_t)：

$$f_{v,t} = \begin{cases} a^x + F_v, & 0 \leqslant x < x_t, a > 1 \\ b^x, & x_t \leqslant x < \dfrac{L_0-l}{2}, |b| \leqslant 1 \end{cases} \tag{5-40}$$

根据力学平衡关系和峰值应力处应力相等，则：

$$\begin{cases} \dfrac{L_t}{2} \cdot F_v = \int_0^{x_t} f_{v,t}\,dx + \int_{x_t}^{\frac{L_t-l}{2}} f_{v,t}\,dx \\ a^{x_1} + F_v = b^{x_1} \end{cases} \tag{5-41}$$

式中，x_t 是随时间变化函数，在不同的时间有对应力的峰值应力和峰值点位置，代入式(5-41)求解出参数 a 和 b，再代入式(5-40)可得垂直应力分布函数。根式(5-39)～式(5-41)可以看出，初始垂直应力 F_v 对巷道开挖期间帮部变形产生了最直接的影响。

5.2.2.2　深部巷道顶、底板岩体变形力学分析

巷道顶、底板的变形主要与水平应力相关，包括顶、底板的初始水平应力和帮部转移的水平应力。初始垂直应力引起巷道顶板的初始下沉，但由于层状岩体各岩层的岩性差异，巷道开挖后的变形表现出不同的力学特点。以巷道顶板为例，主要可分为"上硬下软型"岩层结构和"上软下硬型"两类岩层结构。"上硬下软型"岩层结构在邻近巷道表面的较软岩层下沉变形较大，上部的较硬岩层下沉量较小，两岩层间则会产生离层，即使没有离层，由于变形不协调，使得上部较硬岩层对下部较软岩层的垂直应力可以忽略不计。反之，若邻近巷道表面的顶板岩层较硬，其上部的岩层较软或者岩性相同则在较硬岩层破坏之前，两岩层的变形是协调一致的，在较硬岩层下沉变形过程中，较软岩层对硬岩层的垂直作用力始终存在。将这两种情况推广到较软岩层组和较硬岩层组中仍然适用，两种情况的力学模型如图 5-34所示。

巷道开挖时，顶、底板不破坏，顶、底板的水平应力与顶、底板岩层的刚度和厚度呈正相关关系。假设巷道开挖的影响范围内有 N 层岩层，则顶板中任意岩层的水平应力转化系数为(此处以 C 岩层为例)：

$$\alpha_c = \sqrt{\frac{E_c \Delta_c}{E_{max} \sum \Delta_i}} f_a h' \tag{5-42}$$

式中，α_c 为 C 岩层转化系数；E_c 为 C 岩层的弹性模量，MPa；E_{max} 为 N 层岩层中最大的弹性模量，MPa；Δ_c 为 C 岩层的厚度；Δ_i 为巷道影响范围内第 i 层岩层的厚度；f_a 为帮部水平应

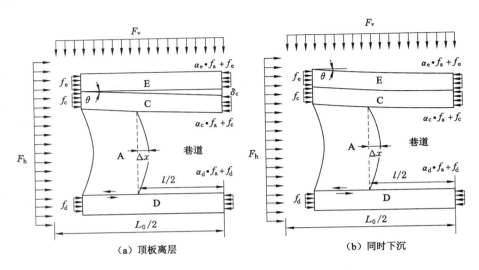

$\alpha_e, \alpha_c, \alpha_d$——E,C,D岩层转化系数;$\theta$——岩层转角,(°)。

图 5-34　巷道顶板变形情况

力,MPa;h'为巷道高度,m;

对于第一种情况,C 岩层属于较软岩层,在巷道开挖后在初始垂直应力的作用下的初始变形为卸围压后的弹性回弹和自重作用下的变形。在跨度较小的巷道中,这两种变形量通常很小,不足以导致顶板岩层的破坏。对于第二种情况,C 岩层较硬时还受到上部较软岩层 E 岩层的垂直作用力作用。

根据 3.4.1 节中的分析可知,回采巷道开挖期间,在巷道顶、底板中形成一个卸载环,即垂直应力场,而在巷道两帮形成半翼形应力集中区。因此,巷道开挖后导致巷道顶板下沉的垂直应力主要是上部较软岩层的重力。显然,如果巷道顶板具有一定的强度,其自重应力和弹性回弹并不足以使其出现大变形。真正导致深部巷道顶板出现大变形的主要原因是水平地应力的作用。若巷道在浅部,其初始水平地应力较低,巷道上部较硬的顶板尚且能够抵抗地应力作用。但是,在深部高地应力条件下,即使岩层较硬也难以抵挡巨大的地应力作用而产生破坏,巷道顶、底板的破坏和大变形是在所难免的。

对于深部巷道而言,在高水平应力作用下,无论是哪种情况下的顶板岩层,巷道顶、底板均会出现较大变形。在顶板岩层产生初始变形之后,顶板岩层在水平应力和自身重力作用下产生较大的弯矩而破断;同时,底板岩层的变形则主要是水平应力的作用而向巷道内鼓起。

5.3　深部动压巷道围岩控制机理分析

5.3.1　深部动压巷道顶板控制原理

目前,回采巷道以锚杆锚索组合支护结构为主,部分采用其他支护结构。但是,根据理论计算和现场实测发现如若巷道围岩较为完整,即能够连续传递应力,那么支护结构的支护阻力相对于地应力而言是微乎其微的。例如,间排距为 1 m 的顶板围岩中锚固 $\phi16$ mm (45# 钢)的锚杆,其极限抗拉强度为 120～130 kN,那么在锚固完好的情况下该锚杆提供的平均极限支护应力约为 0.12～0.13 MPa,而埋深为 800～1 000 m 左右的深部地应力,以 γH 推算,至少在 20 MPa 以上。二者相比较,支护应力为地应力的 0.6%～0.65%,在工程中这部分支护应力是可忽略不计的。然而,从现场情况来看,锚杆是有一定支护作用的,这是因为巷道围岩并非完整岩体,而是具有节理、裂隙等结构面的岩体。巷道开挖后,在围岩开裂的过程中,岩体中大量的弹性能以表面能的形式释放一部分,另一部份以变形能的形式逐渐释放。在产生裂隙后的岩体处于非连续和非均质状态,岩体中的地应力也就不连续,地应力值就有所减小。但是,如果岩体过于松散破碎,那么锚杆也很难起到应有的作用。锚杆真正起作用的是具有节理、裂隙而结构又相对较为完整的那一部分岩体,或者结构完整但在较大地应力作用下会产生破坏的岩体。图 5-35 为三类典型顶板。

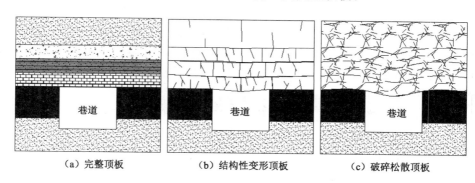

（a）完整顶板　　　　　　（b）结构性变形顶板　　　　　　（c）破碎松散顶板

图 5-35　三类典型顶板

对于完整顶板而言,若地应力较小,则无需支护;若地应力较大,则在该顶板下沉变形过程中锚杆的支护力难以抵抗强大的地应力。只有当该顶板下沉变形到一定程度,顶板出现节理、裂隙等结构面变为破碎结构顶板时,此时锚杆才能发挥其支护作用,但要求支护结构必须一定的变形能力。还有一种情况就是,当顶板过度破碎之后失去承载能力时,锚杆没有着力点便难以起到锚固作用,只有配合其他支护结构或者注浆黏结才能够控制这种围岩的变形失稳。对于深部动压巷道,在高地应力作用下很少有完整顶板,以结构性变形顶板和破碎顶板居多。控制动压巷道顶板控制的目的在于约束结构性变形顶板的结构失稳和向松散破碎顶板的转化。

在巷道影响区内顶板若仅考虑两层或者两个岩层组（每个岩层组内的岩层弹性模量取其平均值）,如图 5-3 中的 C、E 岩层。垂直应力为 γH,则水平初始应力为 $f_a = f_c = f_d = f_e = \lambda\gamma H$,其中 λ 为侧压系数。因此,顶板 C、E 岩层上总的水平作用力为:

$$F_c = \lambda\gamma Hh\left(1 + \frac{1}{2}\sqrt{\frac{E_c\Delta_c}{E_c(\Delta_c + \Delta_e)}}\right) \tag{5-43}$$

$$F_e = \lambda\gamma Hh\left(1 + \frac{1}{2}\sqrt{\frac{E_e\Delta_e}{E_e(\Delta_c + \Delta_e)}}\right) \tag{5-44}$$

对于直接顶岩层 C 来讲,在水平应力作用和垂直重力下发生塑性屈服和弯曲下沉。根据弹性梁内应力分布规律,如果直接顶产生弯曲下沉,在巷道中部直接顶下表面上最易产生拉应力,从而导致直接顶的破断和回转变形,直接顶内应力分布表达式为:

$$\sigma_x = q\left[4y^3 + 6(l-x)xy - (l^2 + \Delta_c^2 - \mu\Delta_c^2)y - \mu\Delta_c^3/2\right]/\Delta_c^3 \tag{5-45}$$

则直接顶发生断裂破坏的判据为：

$$\max[\sigma_x] = \sigma_t \tag{5-46}$$

式中，q 为直接顶重力，MPa；l 为巷道跨度，m；μ 为直接顶岩体泊松比；σ_t 为直接顶岩体的抗拉强度，MPa；

如果直接顶没有弯曲下沉，则在水平地应力的作用下会发生屈服剪切破坏。根据莫尔-库仑强度准则，则直接顶发生剪切破坏的判据为：

$$\lambda\gamma Hh\left(1 + \frac{1}{2}\sqrt{\frac{E_c\Delta_c}{E_c(\Delta_c + \Delta_e)}}\right)/\Delta_c = 2c_c\frac{\cos\varphi_c}{1-\sin\varphi_c} + \frac{1+\sin\varphi_c}{1-\sin\varphi_c}\sigma_3 \tag{5-47}$$

由式(5-47)～式(5-45)可以看出，要控制直接顶的稳定，首先需要控制其不发生断裂破坏等结构性失稳。对于深部煤巷而言，基本顶岩层的稳定性直接关系到巷道顶板的长期稳定性，基本顶岩层一般较厚，弯曲下沉量微乎其微，但在高水平地应力作用下发生屈服破坏，从而产生大变形是影响巷道稳定的主要原因，控制结构性变形的深部煤巷顶板的稳定就必须控制基本顶的稳定。结构性变形顶板控制原理如图 5-36 所示。

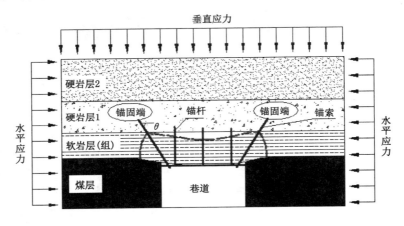

图 5-36　结构性变形顶板控制原理

其中，直接顶的控制原理可总结为如下几点：

（1）及时支护软弱直接顶岩体。深部煤巷直接顶往往强度较低，顶板围岩较为破碎，尤其是复合型软弱顶板围岩，在巷道开挖后极易垮落失稳。巷道开挖后，必须及时支护，保持直接顶结构完整和整体稳定。

（2）加强护表作用，防止顶板垮落。直接顶下部临空面是顶板垮落的起始面，顶板表面的失稳会造成顶板岩层的逐层垮落和大面积失稳，控制了顶板表面的失稳便能控制更深处顶板岩体的结构稳定。

（3）强力支护形成支护承载结构。直接顶虽然软弱破碎，但在支护结构的作用下，控制岩层结构中节理、裂隙的发育，使岩块间相互齿合、铰接形成自稳能力，同时减少上部基本顶的跨度，防止巷道的结构性失稳。

（4）允许直接一定程度的变形，严格控制直接顶的大变形失稳。对于深部高地应力条件下，想要限制直接顶的变形是不可能的，允许直接顶一定程度的变形可以卸载部分水平应力，控制一定变形条件下的直接顶失稳是完全有可能的。这就要求支护结构必须具有一定的延伸能力。

（5）加强与基本顶间的锚固黏结。将直接顶岩体锚固到稳定的基本顶岩层中，有利于形成组合梁效应，更有利于直接顶的整体稳定。

结构性变形顶板的基本顶控制原则主要有两点分别为：

（1）"护帮控顶"减小基本顶的跨度。随着帮部岩体和直接顶岩体的屈服破坏，基本顶岩层的实际跨度是在逐渐增大的，跨度越大顶板岩层越容易失稳破断。加强帮部煤岩体和直接顶岩体的支护，控制其产生较大变形是控制基本顶变形的关键。

（2）适当增加锚索长度和改变锚索的倾角，将直接顶垂直方向的拉应力减小 $F_{锚索}\sin\theta$，增大对基本顶水平方向的压应力 $F_{锚索}\cos\theta$。

对于破碎顶板而言，其变形破坏过程中垂直方向和水平方向的高地应力已经卸载很大部分，破碎巷道顶板在自重和更深部岩体的碎胀作用力下发生失稳破坏。由于岩体具有一定的自稳能力，结合支护结构如密集锚杆（索）＋注浆等支护手段形成一个稳定的承载结构支承破碎围岩。

5.3.2 深部动压巷道帮部控制原理

深部煤层赋存条件较为复杂，从煤巷帮部组成来划分，常见煤巷帮部类型有全煤帮部巷道和半煤岩帮部巷道，如图 5-37 所示。

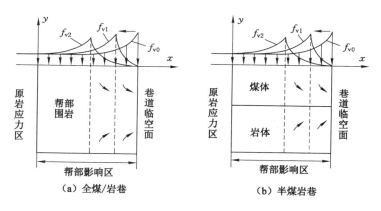

图 5-37 巷道初始力学模型

帮部岩体在垂直应力的作用下向巷道方向扩容变形，在巷道表面的岩体首先屈服破坏，垂直应力峰值向两帮深部转移，从而引起更深部围岩的屈服和变形。在峰值应力作用的岩体有向两边扩容变形的趋势，往深部岩体方向挤压岩体和往巷道临空面方向的扩容破坏。因此，帮部围岩中必然存在一个中性区（或中性面），即围岩不会向围岩深部变形也不会向巷道方向变形的围压区域，该区域岩体的位置是随着帮部垂直应力峰值转移而变化的。中性区到巷道表面间的围岩即是帮部围岩变形的的主要岩体，称为扩容变形区。因此，控制帮部围岩变形的关键就在于控制帮部扩容变形区围岩的横向变形。根据帮部受到的垂直应力、帮部围岩变形区宽度和岩体性质设计控制巷道帮部围岩的控制对策。

半煤岩巷中，帮部煤/岩体介质强度上的差异导致了二者在变形上不协调。此外，根据前文的试验可知，其变形量和变形破坏形式还具有明显的尺寸效应加剧了二者变形的不均匀性。针对该类帮部围岩首先需控制较软介质的鼓出变形，使得两种介质的变形均匀一致。

5.3.3 深部动压巷道底板控制原理

动压巷道底鼓与围岩岩性、底板中应力分布情况密切相关。煤矿中常见的动压巷道（回采巷道）类型包括：实体煤巷道、煤柱巷道以及沿空留巷，其力学模型如图 5-38 所示。

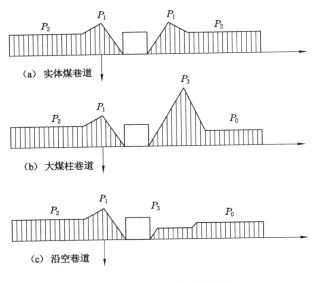

图 5-38　巷道底板力学模型

可以看出，上覆岩层作用于实体煤巷道两帮，然后再传递到底板上的应力基本相等，呈对称型分布；大煤柱巷道在回采期间支承压力在煤柱一侧集中程度更高。因此，大煤柱一侧支承压力比实体煤帮一侧更大。沿空巷道是在上区段回采后沿着原回采巷道留薄煤柱作为下一区段回采巷道或者直接沿用上区段的一条回采巷道作为下区段回采之用，无论是何种巷道，其在采空区一侧应力相对较低。

根据力学模型计算后可知，不论何种巷道模型，在底板岩层中均存在零应层，底鼓岩体均是在零应变层以上受拉破坏的岩层，而零应变层以下的岩层受压岩层则不会鼓出。其中，实体煤巷道底板的受拉深度最小、煤柱巷道底板岩层受拉深度最大，且底板两侧均分布有较大的剪应力。沿空掘巷底板拉应变小于大煤柱巷道，且仅在实体煤侧有剪应力。因此，在相同应力环境和岩层条件下，留大煤柱巷道底鼓量最大，沿空巷道次之，实体煤巷道底鼓量最小。

5.3.4 基于塑性区的深部动压巷道围岩控制原理

深部动压巷道围岩进入塑性状态的阀值较低，巷道开挖后很快形成塑性区初始形态，同时形成一部分围岩破碎区。若不加以控制，在高应力作用下塑性区则很快发展成为椭圆形或蝶形塑性区扩展形态，随后塑性区轴比不断扩大加剧了塑性区长轴端的扩展，在塑性区扩展到一定程度后，演变为急剧扩展形成塑性区的失稳形态，造成冲击地压或者巷道快速大变形失稳，如图 5-39 所示。

因此，巷道围岩控制必须考虑塑性区的演化规律，根据巷道开挖后塑性区形态演化规律及其影响因素。结合深部巷道围岩控制的工程特性，提出深部动压巷道围岩控制原理：即

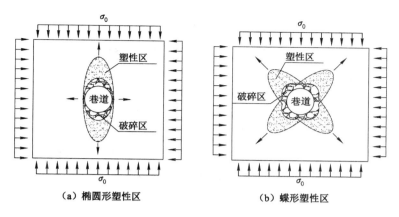

图 5-39 塑性区与破碎区关系($\lambda > 1$)

"两强两协同"原理,具体包括强化最大破坏深度围岩强度,强力控制关键区域巷道表面变形,支护结构变形协同,支护结构与围岩塑性变形协同的基本原理。

(1) 强化最大破坏深度围岩强度

根据应变叠加原理可知塑性区深度较大的方向,破碎区深度也较大。破碎区岩体属于非连续的散体介质,基本不具备承载能力。由于岩石的碎胀性,破碎区岩体的变形是造成巷道大变形的直接原因。为了控制塑性区恶性扩展,必须发挥破碎区岩体的承载能力,采用锚杆、锚索等支护结构强化该区域围岩强度[161]。一方面控制破碎区岩体自身的稳定,另一方面形成支护-围岩共同体承载来自塑性区较大的地应力。对于椭圆形巷道,存在一个等应力轴比使得巷道围岩中应力均匀分布,即最大主应力方向与椭圆形长轴方向平行且满足轴比等于侧压系数的倒数。然而,巷道最大破坏深度方向往往与最大主应力方向垂直使得围岩中应力分布极不均匀,强化最大破坏深度围岩强度尽量减缓最大塑性区半径方向塑性区的扩展速度,使围岩中应力分布更均匀是控制巷道围岩大变形的方法之一。

(2) 强力控制巷道关键区域表面变形

巷道表面大变形直接影响巷道使用。根据前面的分析可知巷道变形量越大,破碎区岩体提供给塑性区岩体的围压 σ_3 就越小,巷道塑性区围岩中主偏应力 s_1 就越大,巷道塑性区长半径越大,造成塑性区快速扩展。因此,控制巷道表面的变形既是满足巷道使用的要求,也是防止塑性区持续扩展的必要手段。根据塑性区扩展形态来看,无论是椭圆形还是蝶形,控制塑性区长轴方向围岩表面变形是关键。对于深部动压巷道,需要强力控制巷道关键区域表面的变形。巷道关键区域表面变形的控制程度直接影响塑性区长轴方向的扩展速度。

(3) 支护结构协同控制

深部动压巷道围岩塑性区不均匀分布造成了巷道围岩变形的不均匀,椭圆形塑性区长轴方向巷道表面变形远远大于短轴方向巷道表面的变形。如果在巷道不同方向上采用相同的支护结构容易引起支护结构支护强度和变形能力的不协调,造成巷道局部失稳。巷道局部失稳又引起塑性区在某一方向上发生快速扩展,从而造成巷道支护的整体失效。支护结构的协同包括两方面的内涵:① 支护结构在主动支护时支护阻力需要协同,对于重点变形区域强力支护,形成整体的主动支护结构;② 支护结构在被动受载时的变形协同,在受到塑性区岩体作用力时,支护结构尽量保持同步、协同变形,使巷道支护结构始终保持整体性。

主动协同支护遏制塑性区的快速扩展,被动协同变形控制塑性区均匀扩展。

(4)支护结构与塑性区围岩变形协同

深部动压巷道的变形不可避免,甚至有一部分是给定变形。如何控制巷道围岩的变形速度,使巷道在服务期内变形量不影响使用即达到了围岩控制的目的。众所周知,只有最大程度发挥出围岩的承载能力,形成支护-围岩承载共同体才能获得较好的支护效果。支护-围岩承载共同体形成的前提是支护结构必须与塑性区围岩变形协同,这种协同变形同样也包含两方面的内涵:① 在塑性区变形较大的方向上,支护结构要求具有较大的协同变形能力,同时还能提供一定的支护阻力;② 支护结构尽量控制巷道的顶板、两帮和底板整体变形协同,确保巷道围岩均匀变形。支护-围岩承载共同体整体变形和均匀受载是衡量支护结构之间以及支护结构与围岩之间协同性优劣的基本标准。

5.4 深部动压巷道围岩控制技术研究

深部动压巷道支护必须综合考虑围岩自身条件和开挖、回采扰动力学机制对围岩的弱化作用。围岩自身条件是不可改变因素,是选择支护方案的基本出发点,而回采方式和支护等是可控因素,在控制围岩的过程中必须考虑的重要内容。

基于前面深部动压巷道围岩变形力学机理和控制原理的分析,同时考虑到裂隙岩体的锚固作用机理,提出针对深部半煤岩动压巷道围岩控制技术,即密集长短锚杆(索)+桁架长锚索+带、梁、网组合支护技术。

5.4.1 密集长短锚杆(索)+桁架长锚索+带、梁、网组合支护技术

密集长短锚杆(索)+桁架长锚索+带、梁、网组合支护技术除了支护结构外,对支护的时机、范围、强度和变形能力都有一定要求,这也是该支护技术发挥最大效果的关键所在。

(1)支护时机

收敛-约束法是通过支护与围岩之间的相互作用来达到围岩稳定的目的,采用该方法来进行巷道支护设计是比较合理的。在收敛-约束法中,支护时机是一个重要的影响因素。针对深部动压巷道围岩的大变形问题,由于其变形迅速、强度较低,如果采取"刷帮""清底"等方式来满足巷道的使用要求,必然使巷道围岩的弱化范围不断增大,更加难以控制其变形。当塑性变形达到一定程度后,认为岩体已失去连续传递应力的能力;同时原有的高地应力已经得到释放。因此,需要及时进行支护,尽量保持巷道表面围岩的整体性。

(2)支护范围

深部巷道开挖后,在极限平衡区边界由巷道初始断面转变为椭圆形边界或者矩形边界,若不加支护,巷道会持续出现较大变形而失稳破坏。巷道开挖后认为极限平衡区边界为巷道应力连续分布的实际边界,超过塑性区边界更深部的岩体为弹性状态,基本满足应力场连续分布。深部动压巷道开挖后的塑性区边界较大,其形态与巷道的初始断面相关性不大,而与巷道所处的地应力环境相关,根据第2章的巷道断面演化规律可推知,巷道的极限平衡区边界为巷道初始断面→椭圆形边界→矩形边界→蝶形边界的演化规律。因此,巷道支护结构的范围必须与巷道塑性区边界相协调,尤其是锚索的锚固端需锚固于塑性区边界(帮部为中性面、顶板为稳定的基本顶岩层中)以外的稳定岩体当中。

(3)支护强度、刚度

深部巷道围岩在高应力作用下的变形在一定程度上是不可避免的,锚固结构的主要作用在于控制其不协调变形和持续的大变形。因此,支护强度和刚度时必须考虑的问题。支护强度应使巷道表面岩体均匀、协调变形。同时,对较破碎的围岩施加较高的支护阻力,一方面保持围岩的整体性,另一方面控制围岩的变形量不至于快速增大。

(4)支护结构的协调变形能力

根据前面的分析可知,深部动压巷道围岩的变形不可避免,这就要求支护结构具有与围岩协同变形的能力,在保持较高的支护阻力的情况下,支护结构不至于屈服破坏。

针对平煤集团十矿 24130 区段岩石保护层回采巷道变形量大、变形不均匀从而严重影响巷道使用的情况。根据前文的理论力学分析和现场实际提出了密集长短锚杆(索)+桁架长锚索+带、梁、网组合支护技术,该技术的具体支护参如下:

① 巷道两帮分别采用 4 根 $\phi22\times2\,400$ mm 螺纹钢锚杆、3.0 m 长梯子梁、钢筋网联合支护。锚杆间排距为 700 mm×900 mm,锚杆预紧力不小于 20 kN,支护阻力不小于 80 kN。帮部每间隔 2 排梯子梁安装一套桁架锚索,其中顶角锚索采用 $\phi21.5\times7\,000$ mm 的钢绞线锚索,倾角为 45°,底角锚索为 $\phi21.5\times4\,000$ mm 钢绞线锚索,倾角为 45°,锚索预紧力均为 60~70 kN。

② 煤巷顶板采用 5 根 $\phi22\times2\,400$ mm 螺纹钢锚杆、4.0 mW 钢带和钢筋网联合支护。锚杆间排距为 900 mm×900 mm,锚杆预紧力不小于 20 kN,支护阻力不小于 80 kN。顶板布置 3 根 $\phi21.5\times6\,500$ mm 的钢绞线锚索,间排距为 1 500 mm×1 500 mm,两边锚索倾角为 75°。

③ 煤巷底板采用 5 根 $\phi22\times2\,400$ mm 螺纹钢锚杆支护。锚杆间排距为 900 mm×1 000 mm,锚杆预紧力不小于 20 kN,支护阻力不小于 80 kN。边角锚杆与水平方向夹角 75°。支护形式见图 5-40 所示。

由于该方案正处于施工试验阶段,还未能进行变形监测。但是,可通过数值模拟的手段对比分析原支护方案与密集长短锚杆(索)+桁架长锚索+带、梁、网组合支护方案的优劣,从而验证支护方案在工程上应用的可行性,采用 FLAC^{3D} 软件对巷道在提出的支护方案条件下的变形情况进行数值模拟。考虑到巷道的影响范围,数值模型尺寸取为:长×宽×高 = 50 m×60 m×60 m。模型底部和四周均取固定位移边界,其中底部边界的垂直和水平方向位移均固定,而四周仅固定水平方向位移,垂直方向位移自由。模型顶部取应力边界,边界应力根据上覆岩层的重力取值,本次模拟垂直应力取为 25 MPa。计算采用莫尔-库仑模型进行模拟,根据相关地质资料和试验可得各岩层的计算参数见表 5-3。采用 CABLE 单元模拟锚杆锚索,采用 SHELL 单元模拟金属网、W 钢带、梯子梁及桁架支护。

表 5-3 岩层计算参数表

岩层类型	内聚力/MPa	内摩擦角/(°)	弹性模量/GPa	泊松比/GPa	抗拉强度/MPa	剪胀角/(°)
砂岩	1.05	31	12.65	0.25	2.34	14
L1 灰岩	0.85	27	6.67	0.29	1.02	15
煤	0.42	18	3.35	0.42	0.45	10
砂质泥岩	0.45	28	11.85	0.21	1.1	12
L2 灰岩	0.85	27	6.67	0.29	1.02	15

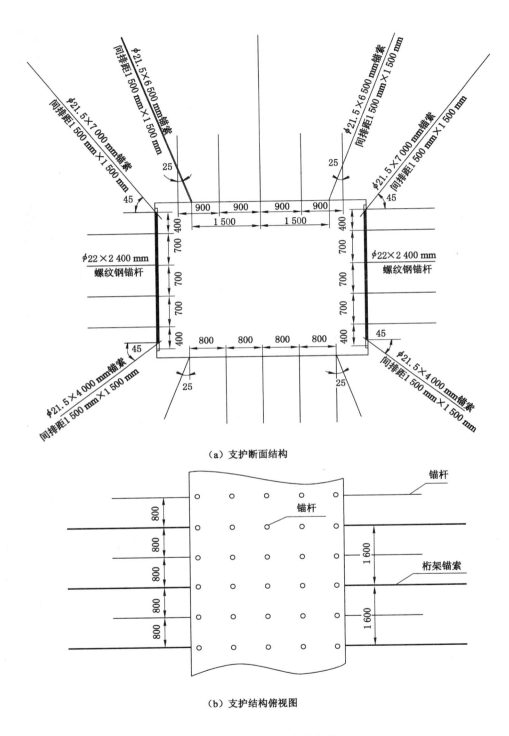

（a）支护断面结构

（b）支护结构俯视图

图 5-40 煤巷围岩支护方案

采用快速应力边界法对模型施加初始地应力之后,将位移场和速度场全部清零。然后,赋岩层真实参数模拟煤巷原支护开挖以及采用巷道开挖后立即采用密集长短锚杆(索)+桁架长锚索+带、梁、网联合支护技术后的变形收敛情况如图 5-41 所示。

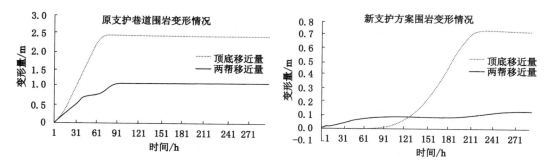

图 5-41　巷道开挖变形情况

由图 5-41 可以看出,在原支护方案条件下巷道变形收敛趋于稳定时的顶底移近量高达 2.5 m,两帮移近量达 1.25 m,巷道基本失去使用功能。在新方案条件下,巷道收敛变形趋于稳定时的顶底移近量为 0.7 m,两半移近量为 0.15 m,基本满足巷道的使用要求,说明密集长短锚杆(索)+桁架长锚索+带、梁、网联合支护技术能够有效控制该深部巷道围岩的变形。

此外,该支护技术已在广西百色矿务局东笋煤矿有限责任公司二煤三阶段胶带下山进行了工程应用。研究结果表明,该技术能够有效控制半煤岩巷围岩的稳定。

5.4.2　可让压桁架锚索+锚杆+锚索+金属网的"两强两协同"支护技术

根据"强化最大破坏深度围岩强度,强力控制关键区域巷道表面变形,支护结构协同控制,支护结构与围岩塑性协同变形"的围岩控制原理提出支护方案如图 5-42 所示。

(1)强化塑性区最大破坏深度围岩,采用锚杆+锚索强化顶板围岩,锚杆采用直径为 $\phi20$ mm,长 2 600 mm 的左旋无纵筋螺纹钢锚杆,间排距为 750 mm×800 mm。锚索直径为 $\phi22$ mm,长为 9 000 mm 锚索,间排距为 1 600 mm×750 mm。锚杆+锚索支护结构可提高顶板围岩破碎区内围岩的内聚力和内摩擦角,增大主偏力,使得更深处的塑性区围岩主偏应力减小,一定程度上遏制了塑性区边界的蠕变扩展。

(2)强力控制关键区域巷道表面变形,巷道顶板和两帮均挂金属网和梯子梁,在顶板沿巷道轴向以顶板锚索为支点交替安装槽钢,加强支护结构保护作用,限制巷道表面围岩尤其是顶板的变形。金属网采用 12# 铁丝编制的菱形金属网,网目为 40 mm,网尺寸:长×宽 = 1 100 mm×800 mm。梯子梁直径为 10 mm,间距为 60 mm。槽钢选用长 1 600 mm 的 18# 槽钢。

(3)支护结构协同控制与围岩协同变形,巷道顶板和两帮采用"可缩性桁架锚索"调节围岩表面的非均匀变形,与巷道顶板及两帮中的应力锚杆、锚索协同控制围岩,改善锚杆+锚索支护结构,形成以可让压桁架锚索为核心的锚、网、索、梁协同支护技术。桁架采用 18# 槽钢,顶板桁架长 2 700 mm,上帮桁架 2 500 mm,下帮桁架 1 400 mm,桁架锚索在围岩中长度不少于 4 500 mm,通过自主设计的可缩性锚索锁具连接。锚索与对应岩面呈 45°夹角,支护方案及参数见表 5-4。

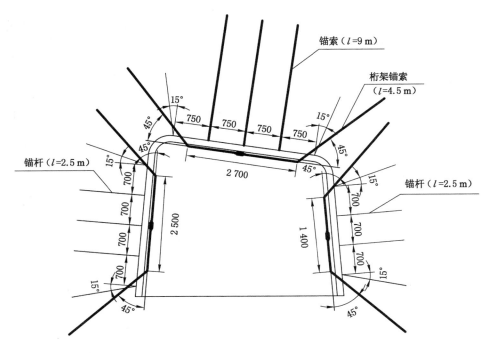

图 5-42　新支护方案示意图(单位:mm)

表 5-4　具体支护参数

支护位置	支护结构	间排距/(mm× mm)	规格/(mm× mm)	预紧力/kN
顶板	金属网	—	100×100 菱形,接茬≥100	锚杆紧贴岩面
	锚杆	750×800	ϕ20×2 600	≥40
	锚索	1 600×750	ϕ22×9 000	≥50
	槽钢梁	1 500×0	♯18 槽钢	—
	桁架锚索	2 700×1 600	ϕ15.24×4 500	60~70
左帮	金属网	—	100×100 菱形,接茬处≥100	锚杆紧贴岩面
	锚杆	700×800	ϕ20×2 600	≥30
	桁架锚索	2 500×1 600	ϕ15.24×4 500	60~70
右帮	金属网	—	100×100 菱形,接茬处≥100	锚杆紧贴岩面
	锚杆	700×800	ϕ20×2 500	≥30
	桁架锚索	1 400×1 600	ϕ15.24×4 500	60~70

　　采用新支护方案后,进行了为期 3 个月的巷道变形监测。结果表明,基于"两强两协同"支护原理的控制方案后,巷道围岩变形得到明显改善,顶、底板移近量在初期仍有 0.75 m 的变形,但随后顶、底板移近量基本趋于稳定,满足巷道的使用需求,在巷道的服务期间基本上不用返修,达到了围岩控制的目的。需要指出的是,采用"两强两协同"支护原理并非不让围岩变形,事实上支护时应当适当预留变形量,以适应给定变形。在此基础上,可进行有针

对性的"两强两协同"联合支护。

5.5 本章小结

（1）通过对裂隙试件加载试验结果分析、总结提出结出了主控裂纹的概念，主控裂纹是一个介于裂隙试件裂纹细观破坏与宏观变形之间的可视化指标，主控裂纹的演化是加载过程中微裂纹形成和累积的结果。无论是单裂隙试件还是单排、多排裂隙试件，主控裂纹的扩展、贯通是导致试件最终破坏的主要原因。预制裂隙对主控裂纹的扩展贯通路径起到了引导和控制作用，使得试件的变形和破坏均具有方向性，裂隙的倾角是主要的控制因素。

（2）将裂隙试件加载过程中释放的能量作为主控裂纹形成与扩展的参考指标，可将裂隙试件的损伤演化分为主控裂纹形成前的损伤累积阶段和主控裂纹形成后的演化扩展阶段。结合损伤理论可知裂隙岩体的集中损伤是主控裂纹形成的前提，裂隙岩体的能量释率保持在较高水平是主控裂纹扩展的条件。

（3）锚杆的锚固作用在于能够延缓主控裂纹的形成，遏制主控裂纹的失稳扩展。在无锚时，裂隙试件主控裂纹长度较短，裂纹数量较少，以纵向裂纹为主。裂隙试件加锚后，主控裂纹路径长、裂纹数量较多，试件出现横向裂纹。

（4）锚杆能延迟主控裂纹的产生，其影响程度与到锚固距离和锚固倾角等参数相关。单排裂隙在有效锚固距离内，试件会产生横向和纵向的两类主控裂纹，裂隙锚杆在有效锚固距离之外的试件仅产生纵向主控裂纹。无锚试件或者锚固距离较大时，试件声发射集中在峰值强度之前。

（6）锚杆的锚固间距和锚固倾角是影响裂隙尖端应力强度因子的主要因素。锚固间距越大，裂隙尖端的应力强度因子越大，且锚杆在裂隙之外比穿过裂纹面时，裂隙尖端的应力强度因子增加得更快。锚固倾角对裂隙尖端应力强度因子也有影响，锚杆垂直于裂隙主轴方向裂隙应力强度因子越小，锚固倾角越偏离 $90°$，应力强度因子呈先增大、后减小的趋势。

（7）多组有序裂隙试件加锚之后，能够有效地限制试件在单轴压缩下的横向扩容，提高试件的强度和刚度，但锚杆的限制范围有限，实际工程中还应辅之以其他形式的支护，限制工程岩体均匀、稳定变形。

（8）深部动压巷道围岩强度弱化机制。主要包括：风化侵蚀作用和应力扰动作用，以应力扰动弱化机制为主。应力扰动主要包括：围压卸载、高应力低速率加载以及循环加载扰动。围岩的强度与围压卸载降低和循环加载次数之间呈线性弱化关系，与加载速率之间呈幂函数弱化关系。此外，深部岩体的高应力受载历史是造成巷道开挖后围岩强度较低的主要原因。

（9）深部动压巷道围岩大变形机制主要包括：物化膨胀作用、煤岩体的扩容变形、岩层结构性断裂以及岩层间的错动变形机制。岩层自身的组分和结构是产生大变形的原因之一，但其本质是较高的地应力和强烈的应力扰动作用。

（10）深部动压巷道围岩变形力学机制。建立了动压巷道帮部整体切移和中部鼓出两种力学模型：顶板软-硬叠加和硬-软叠加力学模型；并对帮部垂直应力变化特征进行了分析，得到相应的力学表达式；对顶、底板水平应力转移特征进行分析得到了水平应力转化系数。

（11）根据不同的围岩条件提出了两种深部动压巷道围岩控制技术，即针对松软破碎围岩的密集长短锚杆（索）＋桁架长锚索＋带、梁、网联合支护技术。工程实践表明，该支护技术能够有效地控制深部动压巷道围岩的稳定。

（12）根据"强化最大破坏深度围岩强度，强力控制关键区域巷道表面变形，支护结构协同控制，支护结构与围岩塑性协同变形"的围岩控制原理，提出了可让压桁架锚索＋锚杆＋锚索＋金属网的"两强两协同"支护技术，在工程实践中也取得了较好的支护效果。

参 考 文 献

[1] 谢和平,彭苏萍,何满潮. 21 世纪中国煤炭工业第五次全国会员代表大会暨学术研讨会论文集[C].北京:中国环境科学出版社,2001.

[2] 何满潮.深部的概念体系及工程评价指标[J].岩石力学与工程学报,2005,24(16):2854-2858.

[3] 钱七虎.非线性岩石力学的新进展:深部岩体力学的若干问题[C]//中国岩石力学与工程学会.第八次全国岩石力学与工程学术会议论文集.北京:科学出版社,2004:10-17.

[4] 谢和平.深部岩体力学与开采理论研究进展[J].煤炭学报,2019,44(5):1283-1305.

[5] 何满潮,谢和平,彭苏萍,等.深部开采岩体力学研究[J].岩石力学与工程学报,2005,24(16):2803-2813.

[6] 赵生才.深部高应力下的资源开采与地下工程:香山会议第 175 次综述[J].地球科学进展,2002,17(2):295-298.

[7] 谢和平,高峰,鞠杨,等.深部开采的定量界定与分析[J].煤炭学报,2015,40(1):1-10.

[8] 谢和平,周宏伟,薛东杰,等.煤炭深部开采与极限开采深度的研究与思考[J].煤炭学报,2012,37(4):535-542.

[9] 蔡美峰.岩石力学与工程[M].北京:科学出版社,2002.

[10] 许锡昌,刘泉声.高温下花岗岩基本力学性质初步研究[J].岩土工程学报,2000,22(3):332-335.

[11] 赵延林,曹平,王卫军.裂隙岩体渗流-损伤-断裂耦合理论及工程应用[M].徐州:中国矿业大学出版社,2012.

[12] KWASNIEWSKI M A. Laws of brittle failure and of B-D transition in sandstone[C]//Maury and Fourmaintraux eds. Rock at Great Depth,1989. Rotterdam:A. A. Balkema. 45-58.

[13] RANALLI G,MURPHY D C. Rheological stratification of the lithosphere[J]. Tectonophysics,1987,132(4):281-295.

[14] MALAN D F. Manuel rocha medal recipient simulating the time-dependent behaviour of excavations in hard rock[J]. Rock mechanics and rock engineering,2002,35(4):225-254.

[15] 孙钧.岩石流变力学及其工程应用研究的若干进展[J].岩石力学与工程学报,2007,26(6):1081-1106.

[16] 王永岩,魏佳,齐珺,等.深部岩体非线性蠕变变形预测的研究[J].煤炭学报,2005,30(4):409-413.

[17] MORTAZAVI A. Anchorage and shear strength properties for composite tendons

used in earthwork support systems[J]. Construction and building materials,2007,21(1):109-117.

[18] MATSUHIMA S. On the flow and fracture of igneous rocks and on the deformation and fracture of granite under high confining pressure. Bull. Disaster Prevention Res [D]. Kyoto:Kyoto University,1960.

[19] 钱七虎,李树忱.深部岩体工程围岩分区破裂化现象研究综述[J].岩石力学与工程学报,2008,27(6):1278-1284.

[20] 王卫军,李树清,欧阳广斌.深井煤层巷道围岩控制技术及试验研究[J].岩石力学与工程学报,2006,25(10):2102-2107.

[21] 何满潮,齐干,程骋,等.深部复合顶板煤巷变形破坏机制及耦合支护设计[J].岩石力学与工程学报,2007,26(5):987-993.

[22] 李磊,柏建彪,徐营,等.复合顶板沿空掘巷围岩控制研究[J].采矿与安全工程学报,2011,28(3):376-383.

[23] 王卫军,彭刚,黄俊.高应力极软破碎岩层巷道高强度耦合支护技术研究[J].煤炭学报,2011,36(2):223-228.

[24] 李刚,梁冰,张国华.高应力软岩巷道变形特征及其支护参数设计[J].采矿与安全工程学报,2009,26(2):183-186.

[25] 牛双建,靖洪文,张忠宇,等.深部软岩巷道围岩稳定控制技术研究及应用[J].煤炭学报,2011,36(6):914-919.

[26] 王连国,李明远,王学知.深部高应力极软岩巷道锚注支护技术研究[J].岩石力学与工程学报,2005,24(16):2889-2893.

[27] 王卫军,袁超,余伟健,等.深部高应力巷道围岩预留变形控制技术[J].煤炭学报,2016,41(9):2156-2164.

[28] 马念杰,赵希栋,赵志强,等.深部采动巷道顶板稳定性分析与控制[J].煤炭学报,2015,40(10):2287-2295.

[29] 王新丰,高明中,李隆钦.深部采场采动应力、覆岩运移以及裂隙场分布的时空耦合规律[J].采矿与安全工程学报,2016,33(4):604-610.

[30] 陈卫忠,谭贤君,吕森鹏,等.深部软岩大型三轴压缩流变试验及本构模型研究[J].岩石力学与工程学报,2009,28(9):1735-1744.

[31] 彭苏萍,王希良,刘咸卫,等."三软"煤层巷道围岩流变特性试验研究[J].煤炭学报,2001,26(2):149-152.

[32] MOHR O. Welche Umstande bedingen die Elastizitatsgrenze und den bruch eines materials[J]. Zeitschrift des vereins deutscher Ingenieure,1900,(44):1524-1530.

[33] HARK NESS R M. An essay on'Mohr-Coulomb'[C]//Parry R H G ed. Stress-Strain of Soil. Oxford:Foulis& Co:1972:212-219.

[34] HEOK E,BROWN E T,ASCE M. Empirical Strength Criterion for Rock Masses[J]. Journal of the geotechnical engineering division,1980,ASCE 106(GT9):1013-1035.

[35] NEKOUEI A M,AHANGARI K. Validation of Hoek-Brown failure criterion charts for rock slopes[J]. International journal of mining science and technology,2013,23

（6）:805-808.

［36］SINGH M,RAJ A,SINGH B. Modified Mohr-Coulomb criterion for non-linear triaxi-al and polyaxial strength of intact rocks［J］. International journal of rock mechanics and mining sciences,2011,48(4):546-555.

［37］SINGH M,SINGH B. Modified Mohr-Coulomb criterion for non-linear triaxial and polyaxial strength of jointed rocks［J］. International journal of rock mechanics and mining sciences,2012,51:43-52.

［38］李斌.高围压条件下岩石破坏特征及强度准则研究［D］.武汉:武汉科技大学,2015.

［39］俞茂宏.复杂应力状态下材料屈服和破坏的一个新模型及其系列理论［J］.力学学报,1989,21(S1):42-49.

［40］昝月稳,俞茂宏,赵坚,等.高应力状态下岩石非线性统一强度理论［J］.岩石力学与工程学报,2004,23(13):2143-2148.

［41］周小平,钱七虎,杨海清.深部岩体强度准则［J］.岩石力学与工程学报,2008,27(1):117-123.

［42］朱珍德,张勇,徐卫亚,等.高围压高水压条件下大理岩断口微观机理分析与试验研究［J］.岩石力学与工程学报,2005,24(1):44-51.

［43］蒋海飞,刘东燕,赵宝云,等.高围压高水压条件下岩石非线性蠕变本构模型［J］.采矿与安全工程学报,2014,31(2):284-291.

［44］刘东燕,蒋海飞,李东升,等.高围压高孔隙水压作用下岩石蠕变特性［J］.中南大学学报（自然科学版）,2014,45(6):1916-1923.

［45］陈秀铜,李璐.高围压、高水压条件下岩石卸荷力学性质试验研究［J］.岩石力学与工程学报,2008,27(S1):2694-2699.

［46］刘建,李建朋.砂岩高应力峰前卸围压试验研究［J］.岩石力学与工程学报,2011,30(3):473-479.

［47］黄达,谭清,黄润秋.高围压卸荷条件下大理岩破碎块度分形特征及其与能量相关性研究［J］.岩石力学与工程学报,2012,31(7):1379-1389.

［48］王明洋,解东升,李杰,等.深部岩体变形破坏动态本构模型［J］.岩石力学与工程学报,2013,32(6):1112-1120.

［49］卢兴利,刘泉声,苏培芳.考虑扩容碎胀特性的岩石本构模型研究与验证［J］.岩石力学与工程学报,2013,32(9):1886-1893.

［50］江权.高地应力下硬岩弹脆塑性劣化本构模型与大型地下洞室群围岩稳定性分析［D］.武汉:中国科学院研究生院（武汉岩土力学研究所）,2007.

［51］马咪娜.煤岩体蠕变本构关系及其稳定性研究［D］.西安:西安科技大学,2012.

［52］赵国凯,胡耀青,靳佩桦,等.实时温度与循环载荷作用下花岗岩单轴力学特性实验研究［J］.岩石力学与工程学报,2019,38(5):927-937.

［53］康健,赵明鹏,赵阳升,等.非均质细胞元随机分布对高温岩石介质中裂纹扩展影响的数值试验研究［J］.岩石力学与工程学报,2004,23(S2):4898-4901.

［54］吴刚,孙红,翟松韬.高温岩石的扰动状态本构模型［J］.冰川冻土,2016,38(4):875-879.

[55] BROWN E T,BRAY J W,SANTARELLI F J. Influence of stress-dependent elastic moduli on stresses and strains around axisymmetric boreholes[J]. Rock mechanics and rock engineering,1989,22(3):189-203.

[56] 于学馥,乔端. 轴变论和围岩稳定轴比三规律[J]. 有色金属,1981(3):8-15.

[57] 董方庭,宋宏伟,郭志宏,等. 巷道围岩松动圈支护理论[J]. 煤炭学报,1994,19(1):21-32.

[58] 方祖烈. 深部围岩力学形态:拉压域特征[C]//新观点新学说学术沙龙系列活动之二十一论文集. 北京,2008:44-47,124-125.

[59] 马念杰,李季,赵志强. 圆形巷道围岩偏应力场及塑性区分布规律研究[J]. 中国矿业大学学报,2015,44(2):206-213.

[60] 赵志强. 大变形回采巷道围岩变形破坏机理与控制方法研究[D]. 北京:中国矿业大学(北京),2014.

[61] 王卫军,郭罡业,朱永建,等. 高应力软岩巷道围岩塑性区恶性扩展过程及其控制[J]. 煤炭学报,2015,40(12):2747-2754.

[62] 王卫军,袁超,余伟健,等. 深部大变形巷道围岩稳定性控制方法研究[J]. 煤炭学报,2016,41(12):2921-2931.

[63] 袁文伯,陈进. 软化岩层中巷道的塑性区与破碎区分析[J]. 煤炭学报,1986,11(3):77-86.

[64] 陈立伟,彭建兵,范文,等. 基于统一强度理论的非均匀应力场圆形巷道围岩塑性区分析[J]. 煤炭学报,2007,32(1):20-23.

[65] 张继华,王连国,朱双双,等. 松散软岩巷道围岩塑性区扩展分析及支护实践[J]. 采矿与安全工程学报,2015,32(3):433-438.

[66] 蔡美峰. 金属矿山采矿设计优化与地压控制:理论与实践[M]. 北京:科学出版社,2001.

[67] 重庆建筑工程学院,同济大学. 岩体力学[M]. 北京:中国建筑工业出版社,1981.

[68] 韩瑞庚. 地下工程新奥法[M]. 北京:科学出版社,1987.

[69] 赖应得,崔兰秀,孙惠兰. 能量支护学概论[J]. 山西煤炭,1994,14(5):17-23.

[70] 陈宗基. 地下巷道长期稳定性的力学问题[J]. 岩石力学与工程学报,1982,1(1):1-20.

[71] 郑雨天,祝顺义,李庶林,等. 软岩巷道喷锚网:弧板复合支护试验研究[J]. 岩石力学与工程学报,1993,12(1):1-10.

[72] 何满朝,王俊臣. 中国CSRM软岩工程专业委员会第二届学术大会论文集[C]. 北京:煤炭工业出版社,1995

[73] 侯朝炯,勾攀峰. 巷道锚杆支护围岩强度强化机理研究[J]. 岩石力学与工程学报,2000,19(3):342-345.

[74] 康红普,王金华,林健. 高预应力强力支护系统及其在深部巷道中的应用[J]. 煤炭学报,2007,32(12):1233-1238.

[75] 李树清. 深部煤巷围岩控制内、外承载结构耦合稳定原理的研究[D]. 长沙:中南大学,2008.

[76] 余伟健,高谦,朱川曲. 深部软弱围岩叠加拱承载体强度理论及应用研究[J]. 岩石力学

与工程学报,2010,29(10):2134-2142.

[77] 左建平,文金浩,胡顺银,等.深部煤矿巷道等强梁支护理论模型及模拟研究[J].煤炭学报,2018,43(S1):1-11.

[78] 钱鸣高,缪协兴.采动岩体力学:门新的应用力学研究分支学科[J].科技导报,1997,15(3):29-31.

[79] 钱鸣高,缪协兴,何富连.采场"砌体梁"结构的关键块分析[J].煤炭学报,1994,19(6):557-563.

[80] 缪协兴,钱鸣高.采动岩体的关键层理论研究新进展[J].中国矿业大学学报,2000,29(1):25-29.

[81] 宋振骐,郝建,石永奎,等."实用矿山压力控制理论"的内涵及发展综述[J].山东科技大学学报(自然科学版),2019,38(1):1-15.

[82] 刘洪磊,杨天鸿,张鹏海,等.复杂地质条件下煤层顶板"O-X"型破断及矿压显现规律[J].采矿与安全工程学报,2015,32(5):793-800.

[83] 许家林,鞠金峰.特大采高综采面关键层结构形态及其对矿压显现的影响[J].岩石力学与工程学报,2011,30(8):1547-1556.

[84] 赵和松.再生顶板的结构形式及其顶板控制[J].煤炭科学技术,1993,21(5):2-5.

[85] 冯国瑞,任亚峰,王鲜霞,等.白家庄煤矿垮落法残采区上行开采相似模拟实验研究[J].煤炭学报,2011,36(4):544-550.

[86] 张百胜.极近距离煤层开采围岩控制理论及技术研究[D].太原:太原理工大学,2008.

[87] 张玉江.下垮落式复合残采区中部整层弃煤开采岩层控制理论基础研究[D].太原:太原理工大学,2017.

[88] HOEK E,BROWN E T. Underground excavation in rock[A]. Londaon:The Institute of Mining and Metallurgy,London,385-395,1980.

[89] 钱鸣高,石平五.矿山压力与岩层控制[M].徐州:中国矿业大学出版社,2004.

[90] 刘俊杰.采场前方应力分布参数的分析与模拟计算[J].煤炭学报,2008,33(7):743-747.

[91] 高峰.地应力分布规律及其对巷道围岩稳定性影响研究[D].徐州:中国矿业大学,2009.

[92] 何江,窦林名,蔡武,等.薄煤层动静组合诱发冲击地压的机制[J].煤炭学报,2014,39(11):2177-2182.

[93] 康红普,王金华,林健.煤矿巷道支护技术的研究与应用[J].煤炭学报,2010,35(11):1809-1814.

[94] 康红普,林健,吴拥政.全断面高预应力强力锚索支护技术及其在动压巷道中的应用[J].煤炭学报,2009,34(9):1153-1159.

[95] 张永涛,张红卫,卓青松,等.大佛寺矿强动压回采巷道修复及支护技术[J].煤矿安全,2014,45(10):71-73.

[96] 娄金福.动压巷道离层变形特征及支护技术研究[J].煤炭科学技术,2015,43(4):6-10.

[97] 刘玉德,李兵,韩昌强,等.开采上限区域煤巷锚杆桁架联合支护技术研究[J].煤炭工

程,2014,46(11):30-32.

[98] 何富连,殷东平,严红,等.采动垮冒型顶板煤巷强力锚索桁架支护系统试验[J].煤炭科学技术,2011,39(2):1-5.

[99] 严红,何富连,徐腾飞.深井大断面煤巷双锚索桁架控制系统的研究与实践[J].岩石力学与工程学报,2012,31(11):2248-2257.

[100] 韩观胜,靖洪文,朱谭谭,等.新型锚索梁支护系统研制与支护效果分析[J].煤炭技术,2015,34(6):74-77.

[101] 严红,何富连,徐腾飞,等.高应力大断面煤巷锚杆索桁架系统试验研究[J].岩土力学,2012,33(S2):257-262.

[102] 余伟健,冯涛,王卫军,等.软弱半煤岩巷围岩的变形机制及控制原理与技术[J].岩石力学与工程学报,2014,33(4):658-671.

[103] 李术才,王琦,李为腾,等.深部厚顶煤巷道让压型锚索箱梁支护系统现场试验对比研究[J].岩石力学与工程学报,2012,31(4):656-666.

[104] 韩立军,陈学伟,李峰.软岩动压巷道锚注支护试验研究[J].煤炭学报,1998,23(3):241-245.

[105] 王连国,李明远,王学知.深部高应力极软岩巷道锚注支护技术研究[J].岩石力学与工程学报,2005,24(16):2889-2893.

[106] 李学华,杨宏敏,刘汉喜,等.动压软岩巷道锚注加固机理与应用研究[J].采矿与安全工程学报,2006,23(2):159-163.

[107] 谢生荣,谢国强,何尚森,等.深部软岩巷道锚喷注强化承压拱支护机理及其应用[J].煤炭学报,2014,39(3):404-409.

[108] 王连国,缪协兴,董建涛.动压巷道锚注支护数值模拟研究[J].采矿与安全工程学报,2006,23(1):39-42.

[109] 李亚鹏,张百胜,刘臻保,等.深部高应力软岩巷道底鼓锚注技术研究[J].煤矿开采,2015,20(5):50-52.

[110] 王连国,张健,李海亮.软岩巷道锚注支护结构蠕变分析[J].中国矿业大学学报,2009,38(5):607-612.

[111] 张百红,韩立军,王延宁,等.深部软岩巷道锚注支护结构承载特性[J].采矿与安全工程学报,2007,24(2):160-164.

[112] 李慎举,王连国,陆银龙,等.破碎围岩锚注加固浆液扩散规律研究[J].中国矿业大学学报,2011,40(6):874-880.

[113] 陆银龙,王连国,张蓓,等.软岩巷道锚注支护时机优化研究[J].岩土力学,2012,33(5):1395-1401.

[114] 王琦.深部厚顶煤巷道围岩破坏控制机理及新型支护系统对比研究[D].济南:山东大学,2012.

[115] 王其洲,谢文兵,荆升国,等.动压影响巷道U型钢支架-锚索协同支护机理及其承载规律[J].煤炭学报,2015,40(2):301-307.

[116] 荆升国,王其洲,陈杰.深部"三软"煤巷棚-索强化控制机理研究[J].采矿与安全工程学报,2014,31(6):938-944.

［117］高延法,王波,王军,等.深部软岩巷道钢管混凝土支护结构性能试验及应用［J］.岩石力学与工程学报,2010,29(S1):2604-2609.

［118］刘国磊.动压巷道钢管混凝土支架支护技术应用研究［J］.煤炭技术,2015,34(5):40-43.

［119］何晓升,刘珂铭,张磊,等.极软岩巷道交岔点钢管混凝土支架结构设计与应用［J］.煤炭学报,2015,40(9):2040-2048.

［120］曾凡宇.软岩及动压巷道失稳机理与支护方法［J］.煤炭学报,2007,32(6):573-576.

［121］张志康,王连国,单仁亮,等.深部动压巷道高阻让压支护技术研究［J］.采矿与安全工程学报,2012,29(1):33-37.

［122］张广超,何富连.深井高应力软岩巷道围岩变形破坏机制及控制［J］.采矿与安全工程学报,2015,32(4):571-577.

［123］魏明尧,王恩元,刘晓斐.新型加固结构对深部巷道动力扰动缓冲效应的数值模拟分析［J］.采矿与安全工程学报,2015,32(5):741-747.

［124］付志亮,肖福坤,刘元雪,等.岩石力学试验教程［M］.北京:化学工业出版社,2011.

［125］李夕兵,周子龙,叶州元,等.岩石动静组合加载力学特性研究［J］.岩石力学与工程学报,2008,27(7):1387-1395.

［126］李夕兵,宫凤强,高科,等.一维动静组合加载下岩石冲击破坏试验研究［J］.岩石力学与工程学报,2010,29(2):251-260.

［127］尹祥础.固体力学［M］.北京:地震出版社,2011.

［128］徐芝纶.弹性力学-下册［M］.北京:高等教育出版社,2006.

［129］陈子荫.围岩力学分析中的解析方法［M］.北京:煤炭工业出版社,1994.

［130］汤澄波,沈其良.煤矿深部天幕巷道围岩应力分析和围岩稳定性［J］.煤炭学报,1994,19(5):531-541.

［131］皇甫鹏鹏,伍法权,郭松峰,等.基于边界点搜索的洞室外域映射函数求解法［J］.岩土力学,2011,32(5):1418-1424.

［132］吕爱钟,张路青.地下隧洞力学分析的复变函数方法［M］.北京:科学出版社,2007.

［133］李云祯,黄涛,戴本林,等.考虑第三偏应力不变量的岩石局部化变形预测模型［J］.岩石力学与工程学报,2010,29(7):1450-1456.

［134］万世文.深部大跨度巷道失稳机理与围岩控制技术研究［D］.徐州:中国矿业大学,

［135］蒋承林,俞启香.煤与瓦斯突出的球壳失稳机理及防治技术［M］.徐州:中国矿业大学出版社,1998.

［136］吕秀江.煤巷掘进影响区动态应力相应及对动力灾害影响研究［D］.北京:中国矿业大学,2014.

［137］王卫军,冯涛,侯朝炯,等.沿空掘巷实体煤帮应力分布与围岩损伤关系分析［J］.岩石力学与工程学报,2002,21(11):1590-1593.

［138］谢文兵,陈晓祥,郑百生.采矿工程数值模拟研究与分析［M］.北京:中国矿业大学出版社,2005:165-173.

［139］王卫军,郭罡业,朱永建,等.高应力软岩巷道围岩塑性区恶性扩展过程及其控制［J］.煤炭学报,2015,40(12):2747-2754.

[140] 赵庆彬,韩立军,张帆舸,等.深部软岩巷道耦合支护效应研究及应用[J].采矿与安全工程学报,2017,38(5):1425-1444.

[141] 胡敏军.深部高应力软岩巷道时效变形机理研究[D].徐州:中国矿业大学,2015.

[142] 王渭明,赵增辉,王磊.考虑刚度和强度劣化时弱胶结软岩巷道围岩的弹塑性损伤分析[J].采矿与安全工程学报,2013,30(5):679-685.

[143] 郭晓菲,马念杰,赵希栋,等.圆形巷道围岩塑性区的一般形态及其判定准则[J].煤炭学报,2016,41(8):1871-1877.

[144] 赵志强,马念杰,刘洪涛,等.巷道蝶形破坏理论及其应用前景[J].中国矿业大学学报,2018,47(5):969-978.

[145] 王平,冯涛,朱永建,等.深部软岩巷道围岩塑性区演化规律及其控制[J].湖南科技大学学报(自然科学版),2019,34(2):1-10.

[146] ZHAO Y L,CAO P,WANG W J,et al. Wing crack model subjected to high hydraulic pressure and far field stresses and its numerical simulation[J]. Journal of Central South University,2012,19(2):578-585.

[147] WONG R H C,CHAU K T,TANG C A,et al. Analysis of crack coalescence in rocklike materials containing three flaws:Part I:experimental approach[J]. International journal of rock mechanics and mining sciences,2001,38(7):909-924.

[148] 杨延毅.加锚层状岩体的变形破坏过程与加固效果分析模型[J].岩石力学与工程学报,1994,13(4):199-203.

[149] 李术才,张宁,吕爱钟,等.单轴拉伸条件下断续节理岩体锚固效应试验研究[J].岩石力学与工程学报,2011,30(8):1579-1586.

[150] 蒲成志,曹平,赵延林,等.单轴压缩下多裂隙类岩石材料强度试验与数值分析[J].岩土力学,2010,31(11):3661-3666.

[151] 黎立云,车法星,卢晋福,等.单压下类岩材料有序多裂纹体的宏观力学性能[J].北京科技大学学报,2001,23(3):199-203.

[152] 车法星,黎立云,刘大安.类岩材料多裂纹体断裂破坏试验及有限元分析[J].岩石力学与工程学报,2000,19(3):295-298.

[153] YANG S Q,JING H W. Strength failure and crack coalescence behavior of brittle sandstone samples containing a single fissure under uniaxial compression[J]. International journal of fracture,2011,168(2):227-250.

[154] 王平,冯涛,朱永建,等.加锚多组有序裂隙类岩体单轴破断试验分析[J].岩土工程学报,2015,37(9):1644-1652.

[155] 庄苗,蒋持平.工程断裂与损伤[M].北京:机械工业出版社,2004.

[156] LI C. Analytical study of the bebavior of rock bolts. [C]. Proc. of the North American Rock Mechanics. Symposium:Pacific Rocks 2000,Balkenma Publishers A A,2000:625-631.

[157] 尤春安,高明,张利民,等.锚固体应力分布的试验研究[J].岩土力学,2004,25(S):63-66.

[158] GRIFFITH A A. The phenomena of rupture and flow in solids[J]. Philosophical

transactions of the royal,1921,221(SA):163-198.

[159] IRWIN G R. Analysis of stress and strains near the end of a crack extension force [J]. Application mechanics. 1957(24):361-364.

[160] HORII H,NEMATNASSER S. Compression-induced microcrack growth in brittle solids: Axial splitting and shear failure [J]. Journal of geophysical research, 1985,(90):3105-3125.

[161] 王平,冯涛,朱永建,等. 深部软岩巷道围岩塑性区演化规律及其控制[J]. 湖南科技大学学报(自然科学版),2019,34(2):1-10.

[162] 车法星,黎立云,刘大安. 类岩材料多裂纹体断裂破坏试验及有限元分析[J]. 岩石力学与工程学报,2000,19(3):295-298.